普通高等职业教育计算机系列教材

网页设计项目教程

（HTML5+CSS3+JavaScript）

罗保山　孙　琳　主　编

张松慧　赵丙秀　张克斌　副主编

电子工业出版社
Publishing House of Electronics Industry
北京 · BEIJING

内 容 简 介

本书集 HTML5、CSS3、JavaScript 技术于一体，基于 Web 标准，详细介绍了 Web 前端设计技术的基础知识，对 Web 体系结构、HTML5、CSS3、JavaScript 和网站制作流程进行了详细的讲解；为了使广大的 Web 开发者真正了解与全面掌握 HTML5、CSS3、JavaScript 等技术，本书对 HTML5 和 CSS3 样式布局进行了深入的介绍，同时介绍了使用 JavaScript 脚本语言实现网页动态效果。书中引入了丰富的案例，对案例进行了细致的分析，便于学生理解所学知识，加强实操训练，提高实践能力。

本书结构合理、内容紧凑，每个知识点都精心设计了案例。本书既适合作为高职院校计算机专业程序设计课程的教材，也适合 Web 前端和对 HTML5 及未来 Web 应用技术感兴趣的读者参考。

图书在版编目（CIP）数据

网页设计项目教程：HTML5+CSS3+JavaScript/罗保山，孙琳主编. —北京：电子工业出版社，2017.9

普通高等职业教育计算机系列规划教材

ISBN 978-7-121-32318-8

Ⅰ. ①网… Ⅱ. ①罗… ②孙… Ⅲ. ①超文本标记语言－程序设计－高等职业教育－教材②网页制作工具－高等职业教育－教材③JAVA 语言－程序设计－高等职业教育－教材④HTML5⑤CSS3⑥JavaScript

Ⅳ. ①TP312.8 ②TP393.092.2

中国版本图书馆 CIP 数据核字（2017）第 181827 号

策划编辑：徐建军（xujj@phei.com.cn）

责任编辑：徐　萍

印　　刷：北京七彩京通数码快印有限公司

装　　订：北京七彩京通数码快印有限公司

出版发行：电子工业出版社

　　　　　北京市海淀区万寿路 173 信箱　邮编　100036

开　　本：787×1 092　1/16　印张：17.5　字数：448 千字

版　　次：2017 年 9 月第 1 版

印　　次：2024 年 9 月第 12 次印刷

定　　价：39.00 元

凡所购买电子工业出版社图书有缺损问题，请向购买书店调换。若书店售缺，请与本社发行部联系，联系及邮购电话：（010）88254888，88258888。

质量投诉请发邮件至 zlts@phei.com.cn，盗版侵权举报请发邮件至 dbqq@phei.com.cn。

本书咨询联系方式：（010）88254570。

前　言

HTML5、CSS3、JavaScript 技术是网页设计的精髓。当今时代，网络应用正处在不断变革中，而作为与应用密切相关的前端技术更是备受瞩目。其中，以 HTML5 为代表的新一代技术尤为受到多方的关注，因为 HTML5 不仅仅是一次简单的技术升级，更代表了未来 Web 开发的方向，对于当今整个 Web 开发领域来说，HTML5 可谓最热门的话题之一，被寄予了太多的期望与依托。在 Web 开发中采用 CSS 技术可以显著地美化应用程序，有效地控制页面的布局、字体、颜色、背景和其他效果。利用好 CSS 还可以更快捷地得到以往要用很多插件才能达到的效果。

HTML5 相较于 HTML4 做出了一定程度的修改。这些修改包括一些标签的增加或删减、语法结构的简化等。与 Flash 相比，HTML5 的优点是无须插件、对搜索引擎友好，且在性能与稳定性方面的表现更优。HTML5 的框架在原版本的基础上，废除了许多 HTML4 中不合理的效果标记，创造性地增加了很多用于富媒体、富图形的新标记，最大限度地减少了对外部插件的依赖；本书第 2 章介绍了许多新增加的元素属性，需要借助相关的书籍来引导开发者进行学习，使其快速掌握 HTML5。

本书共 14 章，内容包括：

第 1 章　HTML5 概述，介绍 HTML5 的基础知识，帮助大家了解 HTML 的轮廓和发展历程，并介绍 HTML5 页面的创建方法。

第 2 章　全新的 HTML5，详细介绍了 HTML5 中新增的结构元素，还增加了一些表示逻辑结构或附加信息的非主体结构元素、新增的属性及其用法，以及 HTML5 中废除的元素。

第 3 章　认识 HTML5 的文档结构，介绍了 Web 标准、HTML5 的基本结构，帮助大家了解 HTML5 的轮廓，并通过一个实例介绍符合 Web 标准的 HTML5 文档结构。

第 4 章　网页文本设计，通过实例介绍网页中文本的插入和文本的斜体、粗体等特殊样式的知识，讲解文档排版的段落标记和标题标记，以及使用标记创建无序列表、有序列表和自定义列表。

第 5 章　美化网页——使用 CSS3 技术，详细介绍 CSS3 的基本概念、定义和使用语法，介绍层叠样式表文件的使用语法规则、定义方式、在网页中的引用方法，CSS 构造样式的规则及样式选择器的类型。

第 6 章　文本格式的高级设置，详细介绍 CSS3 中文本样式表的高级设置，通过实例对文本样式中的文本字体、风格、字号、大小写转换、行间距、字间距、溢出处理等常用文本样式属性进行讲解。

第 7 章　网页色彩和图片设计，介绍网页中的色彩和图片的关系，以及图像的应用。

第 8 章　网页超链接设计，通过实例讲解网页超链接设计的相关知识，包括创建超文本/图片链接、下载链接，使用绝对/相对路径、在不同窗口打开链接，使用超文本链接发送电子邮件，使用锚点制作电子书阅读网页，创建热点区域及浮动框架。

第9章　用 HTML5 创建表格，介绍页面中表格的各种 HTML 标签，如表格标签<table>、行标签<tr>、单元格标签<td>、标题标签<caption>等，以及跨行跨列的处理方法和分组设置表格列样式的处理方法。

第 10 章　网页表单设计，主要介绍表单的基本标签，如表单<form>、输入<input>、下拉列表<select>、多行文本<textarea>等和表单的工作原理。

第 11 章　网页多媒体设计，学习在 HTML5 中增加 audio 和 video 进行多媒体播放的方法。通过 audio 或 video 的属性能够获取多媒体播放的进度、总时间等信息，通过自定义播放器可以设置播放器的播放、暂停、音量调整等动作。

第 12 章　HTML5 布局，介绍关于页面布局的一系列基础知识和一些布局案例，它们基本涵盖了当前的主流布局方式，具有很强的代表性。

第 13 章　使用 JavaScript 脚本语言实现网页动态效果，主要介绍 JavaScript 的基本语法、常用内置对象、文档对象模型、用户验证等知识。

第 14 章　网页设计与开发综合范例，通过实例讲解网页规划、结构、布局的相关知识，最后通过一个综合实例介绍网页设计与开发的过程。

本书注重理论结合实际，注重基本知识的传授与基本技能的培养，适合作为高职院校计算机专业 HTML5+CSS3+JavaScript 的教学用书。

本书由罗保山、孙琳担任主编，张松慧、赵丙秀、张克斌担任副主编，参加编写的人员还有董宁、江平、汪晓青、刘波等。本书在编写过程中参考了许多资料和国内外的优秀教材，在此对其作者一并表示衷心的感谢。

为了方便教师教学，本书提供了教学参考资料包，内容包括电子课件、案例源代码、课后上机实训、习题解答等，请有此需要的教师登录华信教育资源网（www.hxedu.com.cn）注册后免费下载，如有问题可在网站留言板留言或与电子工业出版社联系（E-mail：hxedu@phei.com.cn）。

由于编写时间紧张，编者水平有限，书中难免存在疏漏，敬请读者批评指正。

编　者

目　录

第 1 章 | HTML5 概述

本章将介绍 HTML5 的基础知识，帮助大家了解 HTML 的轮廓和发展历程，并介绍 HTML5 页面的创建方法。

1.1 HTML 简介

Internet 上的信息是以网页的形式展示给用户的，因此网页是网络信息传递的载体，而 HTML 就是一种用于创建网页的标准标记语言。

1. 什么是 HTML

HTML（HyperText Markup Language）是超文本标记语言，是用来描述网页的一种语言。值得注意的是：HTML 不是一种编程语言，而是一种标记语言（markup language）。标记语言是一套标记标签（markup tag），HTML 就是使用标记标签来描述网页的。

2. HTML 标签

HTML 标记标签通常被称为 HTML 标签（HTML tag）。HTML 标签是由尖括号包围的关键词，如 <html>；HTML 标签通常是成对出现的，如 <body> 和 </body>。标签对中的第一个标签是开始标签，第二个标签是结束标签。

HTML 用不同的标记来描述网页中的段落、标题、图像等基本结构，例如，<p></p> 是一个段落标记，它描述一个段落；<h1></h1>是一个一级标题标记，它描述一个一级标题。当用户通过网页浏览器阅读 HTML 文件时，浏览器负责解释 HTML 文本中的各种标记，并以此为依据显示文本的内容。

3. HTML 文档

我们把用 HTML 语言编写的文件称为 HTML 文档。HTML 文档也称为网页，它包含 HTML 标签和纯文本。

Web 浏览器的作用是读取 HTML 文档，并以网页的形式显示出它们。浏览器不会显示 HTML 标签，而是使用标签来解释页面的内容：

```
<html>
<body>

    <h1>My First Page</h1>
    <p>My first paragraph.</p>

</body>
</html>
```

上述代码在浏览器中的显示效果如图 1-1 所示。

图 1-1　示例代码在浏览器中的显示效果

例子解释：

<html> 与 </html> 之间的文本描述网页，<body> 与 </body> 之间的文本是可见的页面内容，<h1> 与 </h1> 之间的文本被显示为标题，<p> 与 </p> 之间的文本被显示为段落。

4．HTML 的发展历程

HTML 从 20 世纪 90 年代诞生到今天，发展过程中经历了曲折，经历的版本和发布时期如下。

超文本标记语言（第一版）：1993 年 6 月，互联网工程工作小组（IETF）以因特网工作草案的形式发布（并非标准）。

HTML2.0：1995 年 11 月，作为 RFC 1866 发布，在 RFC 2854 于 2000 年 6 月发布之后被宣布已经过时。

HTML3.2：1997 年 1 月 14 日，W3C（World Wide Web Consortium，万维网联盟）推荐标准。

HTML4.0：1997 年 12 月 18 日，W3C 推荐标准。

HTML4.01（微小改进）：1999 年 12 月 24 日，W3C 推荐标准。

在 HTML4.01 之后，Web 世界经历了巨变。W3C 转而提出了 XHTML1.0 的概念，虽然听起来完全不同，但 XHTML1.0 和 HTML4.01 其实是一样的。

XHTML1.0：发布于 2000 年 1 月 26 日，是 W3C 推荐标准，后来经过修订于 2002 年 8 月 1 日重新发布。

XHTML1.1：于 2001 年 5 月 31 日发布，W3C 推荐标准。

2004 年，来自 Apple、Opera 和 Mozilla 的一群开发者成立了 Web 超文本应用技术工作小组（WHATWG），该工作小组创立了 HTML5 规范。

2006 年，W3C 重新介入 HTML，并于 2008 年发布了 HTML5 工作草案。

HTML5：2014 年 10 月 28 日，W3C 推荐标准。

1.2　了解 HTML5

1．什么是 HTML5

HTML5 是 HTML 最新的修订版本，2014 年 10 月由万维网联盟（W3C）完成标准制定。

2．HTML5 的设计目的

HTML5 的设计目的是为了在移动设备上支持多媒体。新的语法特征被引进以支持这一点，如 video、audio 和 canvas 标记。HTML5 还引进了新的功能，可以真正改变用户与文档的交互方式，包括：

> 新的解析规则，增强了灵活性；
> 新属性；
> 淘汰过时的或冗余的属性；
> 一个 HTML5 文档到另一个文档间的拖放功能；
> 离线编辑；
> 信息传递的增强；
> 详细的解析规则；
> 多用途互联网邮件扩展（MIME）和协议处理程序注册；
> 在 SQL 数据库中存储数据的通用标准（Web SQL）。

3．HTML5 的新特性

HTML5 增加了一些有趣的新特性：

> 用于绘画的 canvas 元素；
> 用于媒介回放的 video 和 audio 元素；
> 对本地离线存储的更好的支持；
> 新的特殊内容元素，如 article、footer、header、nav、section；
> 新的表单控件，如 calendar、date、time、email、url、search。

4．HTML5 文档的基本结构

下面是一个简单的 HTML5 文档：

```
<!DOCTYPE html>
<html>
<head>
      <meta charset="utf-8">
      <title>文档标题</title>
</head>
<body> 文档内容...... </body>
</html>
```

注意：<!DOCTYPE>声明必须位于 HTML5 文档中的第一行，对于中文网页需要使用 <meta charset="utf-8"> 声明编码，否则会出现乱码。

5．浏览器的支持

浏览器是运行在用户计算机上的一个程序，它负责下载网页、解释并显示网页，使用户可迅速及轻易地浏览各种信息。

我国用户计算机上常见的网页浏览器有 Internet Explorer、Firefox、Safari、Opera 浏览器、Google Chrome、百度浏览器、搜狗浏览器、360 浏览器等。但各个软件厂商对 HTML 的标准支持有所不同，这就导致了同一个网页在不同的浏览器下会有不同的表现。对于 HTML5 新增的功能，各个浏览器的支持程度也不一样。最新版本的 Chrome、Firefox、Safari 及 Opera 支持某些 HTML5 特性，Internet Explorer 9 以上的版本支持某些 HTML5 特性。

1.3　搭建 HTML5 的开发环境

目前，Google 的 Chrome 浏览器，Mozilla 的 Firefox 和 Microsoft 的 Internet Explorer 9 以上的浏览器都可以很好地支持 HTML5。

本书所有的应用示例，主要执行的浏览器为 Chrome。如需运行本书的示例，需要安装最新的 Chrome 浏览器，以获得示例的页面效果。

1.4　HTML5 文件的编写方法

网页文件是一个纯文本文件，可以使用记事本、写字板、Word 等文本编辑工具创建，也可以使用 Dreamweaver 等所见即所得的工具创建网页。

本节将分别阐述使用记事本和 Dreamweaver 编写 HTML5 文件的步骤。

1.4.1　使用记事本手工编写 HTML5 文件

本任务是使用记事本编写一个 HTML5 文件，在浏览器中的显示效果如图 1-2 所示。

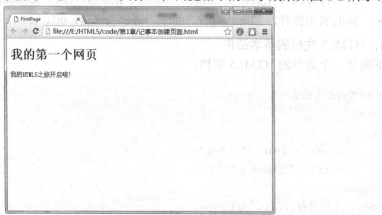

图 1-2　浏览器中的显示效果

下面是使用记事本手工编写 HTML5 文件的步骤。

（1）打开"记事本"程序。

（2）在"记事本"中输入本任务中的网页代码，如图 1-3 所示。

（3）在"另存为"窗口，保存文件名为"记事本创建页面. html"，并且选择编码为"UTF-8"，如图 1-4 所示。保存好后，该文件图标就会转换为网页文件图标。

注意：默认编码为 ANSI，在浏览器中页面文字会显示为乱码。

（4）直接双击保存好的网页文件，默认浏览器会打开该页面。也可以选择其他浏览器打开网页文件。在浏览器窗口中单击右键，选择"查看源文件"命令，可以看到该网页的代码，如图 1-5 所示。

（5）如果需要对该网页进行编辑，可以在该文件图标上单击右键，选择"打开方式"中的"记事本"，即可用记事本打开该网页文件。

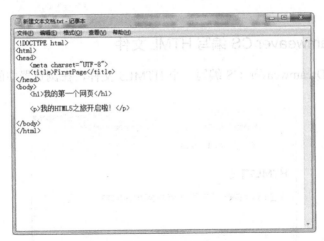

图 1-3 使用记事本制作网页代码

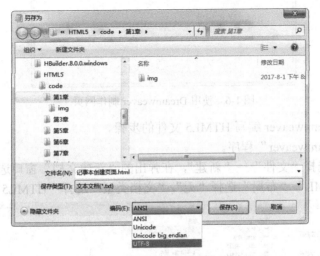

图 1-4 记事本"另存为"窗口

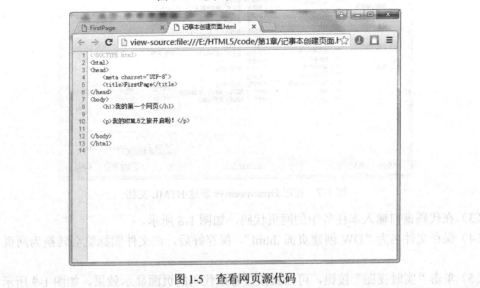

图 1-5 查看网页源代码

1.4.2 使用 Dreamweaver CS 编写 HTML 文件

本任务是使用 Dreamweaver CS 编写一个 HTML5 文件，在浏览器中的显示效果如图 1-6 所示。

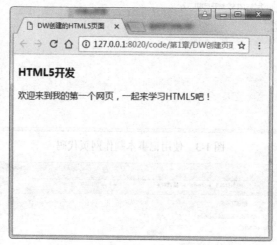

图 1-6 使用 Dreamweaver 制作网页

下面是使用 Dreamweaver 编写 HTML5 文件的步骤。

（1）启动"Dreamweaver"程序。

（2）启动后，选择"文件"→"新建"，在弹出的"新建文档"窗口选择"空白页"，"页面类型"选择"HTML"，"布局"选择"无"，"文档类型"选择"HTML5"，如图 1-7 所示。

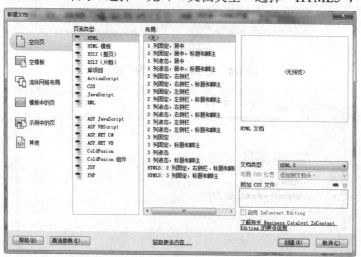

图 1-7 使用 Dreamweaver 新建 HTML 文档

（3）在代码窗口输入本任务中的网页代码，如图 1-8 所示。

（4）保存文件名为"DW 创建页面 .html"。保存好后，该文件图标就会转换为网页文件图标。

（5）单击"实时视图"按钮，可在直接查看该代码的页面显示效果，如图 1-9 所示。也可以选择其他浏览器打开网页文件。

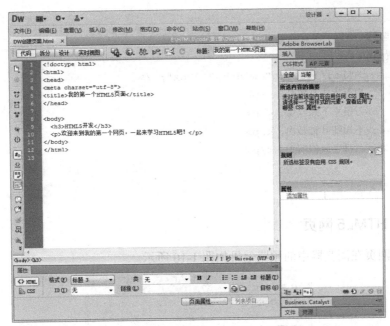

图 1-8　使用 Dreamweaver 制作网页代码

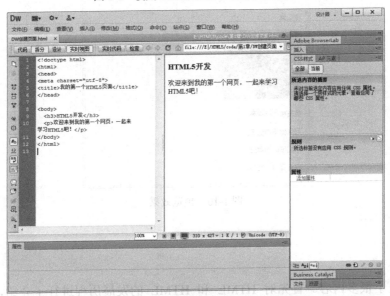

图 1-9　使用"实时视图"查看代码显示效果

1.4.3　实例：编写第一个 HTML5 网页文件

```
<!DOCTYPE html>
<html>
<head>
    <meta charset="UTF-8">
    <title>实例</title>
</head>
```

```
<body>
    <h1>咏柳</h1>
    <p>贺知章</p>
    <img src="img/liu.jpg" width="180px"; />
        <p>碧玉妆成一树高，</p>
        <p>万条垂下绿丝绦。</p>
        <p>不知细叶谁裁出，</p>
        <p>二月春风似剪刀。</p>
</body>
</html>
```

1.4.4 预览 HTML5 网页

编写好的网页在浏览器中的预览效果如图 1-10 所示。

图 1-10 预览效果

本章小结

本章涵盖了很多内容。首先对 HTML 和 HTML 的发展历程进行了介绍，接着讲述了 HTML5 的新特性，最后着重讲述了 HTML5 页面的基本结构、开发环境的搭建，以及 HTML5 页面的创建方法。

练习与实训

1. 搭建 HTML5 开发环境。
2. 编写一个 HTML5 网页。
3. 试说明上题中创建的 HTML5 页面中各个标记的含义是什么。

第 2 章 | 全新的 HTML5

本章导读

HTML5 对 HTML4 的各种修改中，一个较重大的修改就是增加了很多新的主体结构元素和非主体结构元素，这样使得文档结构更加清晰明确，容易阅读。本章将详细介绍这些新增的结构元素、新增的属性，以及 HTML5 中废除的元素和全局属性及其用法。

2.1 HTML5 的适用范围

HTML5 技术目前对大家来说已不再陌生，任何技术都有其适用范围，在目前浏览器支持不一，开发工具、第三方类库缺乏的情况下，HTML5 无法解决一切问题，但如果限定它的适用范围，HTML5 确实可以优雅地解决很多问题。

狭义的 HTML5 指 HTML 下一个主要的修订版本，是 W3C 制定的标准，目前还在发展中，在 HTML4.01 和 XHTML1.0 标准基础上，HTML5 标准增加和修改了一些标签元素。广义的 HTML5 是指包括 HTML、CSS 和 JavaScript 在内的一套技术组合，其目标是减少浏览器对于插件的依赖，提供丰富的 RIA（富客户端）应用。所以，CSS3、SVG、WebGL、Touch 事件、动画支持等都属于 HTML5 的技术范围。

从更多的描述性标签、更好的跨站和跨窗口通信到动画及更强的多媒体支持，HTML5 开发人员都拥有大量的新工具，能够实现更好的用户体验。

2.1.1 HTML5 与各大浏览器的兼容性

HTML5 被说成是划时代也好，具有革命性也好，如果不能被业界承认并且大面积地推广使用，这些都是没有意义的。事实上，今后 HTML5 被正式地、大规模地投入应用的可能性是相当高的。通过对 Internet Explorer、Google、Firefox、Safari、Opera 等主要的 Web 浏览器的发展策略的调查，发现它们都在支持 HTML5 上采取了措施。

HTML5 的使命是详细分析各 Web 浏览器所具有的功能，然后以此为基础，要求这些浏览器的所有内部功能都要符合一个通用标准。如果各浏览器都符合通用标准，然后以该标准为基础来书写程序，那么程序在各浏览器都能正常运行的可能性就大大提高了，这对于 Web 开发者和 Web 设计者来说都是一件可喜的事情。而且，今后开发者开发出来的 Web 功能只要符合通用标准，Web 浏览器也都是很愿意封装该功能的。同时，HTML5 在老版本的浏览器上也可以正常运行。Internet Explorer 也开始在 IE 8 里支持 HTML5。

2.1.2 运用<video>和<audio>标签进行视频和音频制作

HTML 的新版本 HTML5 在音频和视频方面也有新特点。我们可以运用<video>和<audio>的标签，直接进行视频和音频的制作，并通过 JavaScript 接口来控制。虽然，现在在解码格式方面还是有争议的，至少需要能够匹配 OGG 和 H.264 两种文件，在与传统的 FLV 相结合上，视频网站对于硬盘的要求也是越来越大，但是，在一些已经支持 HTML5 的网站上则没有太大问题。

现在，播放视频、音频及浏览矢量图形都可以不必使用 Flash 或 Silverlight 了。尽管基于 Flash 的视频播放器简单易用，但苹果公司的移动设备并不支持 Flash。在第 11 章，我们将讨论如何通过 HTML5 的<audio>标签和<video>标签实现有效的应用。

2.1.3　更炫酷的界面

曾经有人这样形容 HTML5: Doing anything cool (on the web)。HTML5 可以做很酷的应用，无须安装插件，就可以在网页中全屏观看高清视频，玩轻巧的在线游戏，体验流畅的动画效果，浏览精美的网络图，收听网络电台的音乐。一些小而妙的应用非常适合 HTML5，企业应用中的某些模块也可以选择 HTML5。

用户界面是 Web 应用的重要组成部分，为了让浏览器能够渲染出所期望的界面效果，我们每天都在努力地工作。以前为了给表格添加样式或者绘制圆角，我们除了使用 JavaScript 库或添加大量冗余标记外别无他法。现在，HTML5 和 CSS3 的出现让以往的做法成为了历史。

2.1.4　更强大的表单功能

HTML5 提供了功能更为强大的用户界面控件。长期以来，我们只能使用 JavaScript 和 CSS 来构造滑块、日期选择器和颜色选择器，而在 HTML5 中，它们都被定义成了真正的元素，就像下拉列表、复选框和单选按钮一样。我们将在第 9 章中详细描述如何使用它们。尽管不是每个浏览器都兼容这些新的表单控件，但仍然需要对它们保持关注，特别是在开发 Web 应用的时候。除了不依赖 JavaScript 库就能提升可用性之外，HTML5 还带来了可访问性的提升。

2.1.5　提升可访问性

使用 HTML5 新元素清晰描述的内容更便于屏幕阅读器等程序使用。例如，对于某网站的导航，它们更容易找到 nav 标签，而不是特定的 div 或无序列表。尾部、侧边栏等内容都能够被轻松地重新排序或整体跳过。一般的页面解析会变得更加容易，从而为那些依靠辅助技术浏览网页的人们带来更好的体验。另外，元素的新属性能够指明元素的角色，以便屏幕阅读器更容易处理这些元素。

2.2　语法变化

2.2.1　HTML5 的语法变化

与 HTML4 相比，HTML5 在语法上发生了很大的变化。但 HTML5 是在 HTML4 的基础上，对 HTML4 做了大量的修改。HTML5 中语法的变化，与其他开发语言中语法的变化在根本意义上有所不同。它的变化，是因为在 HTML5 之前几乎没有符合标准规范的 Web 浏览器！在这种情况下，各个浏览器之间的相互兼容性和互操作性在很大程度上取决于网站建设开发者的努力，而浏览器本身始终是存在缺陷的。

　　HTML 语法是在 SGML 语言的基础上建立的。但是 SGML 语法很复杂，要开发能够解析 SGML 语法的程序很不容易，所以很多浏览器都不包含 SGML 分析器。因此，虽然 HTML 基本上遵从 SGML 语法，但是对于 HTML 的执行在各个浏览器之间没有一个统一的标准。因此 HTML5 就围绕着 Web 标准，重新定义了新的 HTML 语法，使得规范向现实进一步靠拢。

　　现在世界知名的主流浏览器有 Internet Explorer、Chrome、Firefox、Safari、Opera 等，其开发商早在 2010 年就已经纷纷表示大力支持 HTML5。

2.2.2　HTML5 中的标记方法

　　下面，我们来看一下在 HTML5 中的标记方法。

1. 内容类型（ContentType）

　　HTML5 的文件扩展名与内容类型没有发生改变。也就是说，扩展名仍然为 ".html" 或 ".htm"，内容类型（ContentType）仍然为 ".text/html1"。

2. 文档类型声明（DOCTYPE 声明）

　　根据 HTML5 设计中化繁为简的准则，文档类型和字符说明都进行了简化。DOCTYPE 声明是 HTML 文件中不可缺少的，它位于文件第一行，不区分大小写，引号不区分是单引号还是双引号。Web 浏览器通过判断文件开头有没有这个声明，从而让解析器和渲染类型切换成对应的 HTML5 模式。

　　在 HTML4 中，它的声明方法如下：

```
<!DOCTYPE html PUBLIC "-//W3C//DTD XHTML 1.0 Transitional//footer    3+JavaScript  EN"
"http://www.w3.org/TR/xhtml1/DTD/xhtml1-transitional.dtd">
```

　　在 HTML5 中，刻意不使用版本声明，一份文档将会适用于所有版本的 HTML。HTML5 中的 DOCTYPE 声明方法（不区分大小写）如下：

```
<!DOCTYPE html>
```

　　另外，也可以在 DOCTYPE 声明方式中加入 SYSTEM 识别符，声明方法如下所示：

```
<!DOCTYPE HTML SYSTEM "about:legacy-compat">
```

3. 指定字符编码

　　字符编码的设置也有新的方法。以前，在 HTML4 中，使用 meta 元素的形式指定文件中的字符编码，如下所示：

```
<meta http-equiv="Content-Type" content="text/html;charset=UTF-8">
```

　　在 HTML5 中，可以使用<meta>元素的新属性 charset 来指定字符编码，如下所示：

```
<meta charset="UTF-8">
```

　　以上两种方法都有效，可以继续使用前面那种方式（通过 content 元素的属性来指定），但是不能同时混合使用两种方式。在以前的 HTML 代码中可能会存在下面代码所示的标记方式，但在 HTML5 中，这种字符编码方式将被认为是错误的，这一点请注意：

```
<metacharset="UTF-8"http-equiv="Content-Type"
content="text/html;charset=UTF-8">
```

注意：从 HTML5 开始，文件的字符编码推荐使用 UTF-8。

2.2.3 HTML5 与之前版本的兼容性

HTML5 的语法与之前的 HTML 语法在某种程度上达到了一定的兼容性，因为 HTML5 的语法是为了保证与之前的 HTML 语法达到最大限度的兼容而设计的。例如，符合"没有<p>的结束标记"的 HTML 代码随处可见，但 HTML5 中并没有把这种情况视为错误，而是"允许这种情况存在"，并明确记录在规范中。简单说明如下。

1. 可以省略标签标记的元素

在 HTML5 中，标签的标记分为"不允许写结束标记"、"可以省略结束标记"和"开始标记和结束标记全部可以省略"三种类型。让我们来针对这三类情况列举一个标签清单，其中包括 HTML5 中的新标签。

不允许写结束标记的标签有：

```
area、base、br、col、command、embed、hr、img、input、keygen、link、meta、param、
source、track、wbr。
```

可以省略结束标记的标签有：

```
li、dt、dd、p、rt、rp、op、optgroup、option、colgroup、thead、tbody、tfoot、tr、
td、th。
```

可以省略全部标记的标签有：

```
html、head、body、colgroup、tbody。
```

"不允许写结束标记的标签"是指，不允许使用采用开始标记与结束标记将标签括起来的形式，只允许使用"<标签/>"的形式进行书写。例如，"
...</br>"的书写方式是错误的，正确的书写方式为"
"。当然，HTML5 之前的版本中
这种写法可以被沿用。

"可以省略全部标记的标签"是指，该标签可以完全被省略。请注意，即使标记被省略了，该标签还是以隐式的方式存在的。例如，将 body 标签省略不写，但它在文档结构中还是存在的，可以使用 document.body 进行访问。

2. 具有布尔值的属性

拥有布尔值（boolean）的属性，如 disabled 与 readonly 等，当只写属性而不指定属性值时，表示属性值为 true；如果想要将属性值设为 false，直接省略属性本身即可。另外，要想将属性值设为 true，也可以将属性名设定为属性值，或将空字符串设定为属性值。属性值的设定方法可以参考下面的示例：

```
<!--只写属性不写属性值代表属性为 true-->
<input type="checkbox" checked>
<!--不写属性代表属性为 false-->
<input type="checkbox">
```

```
<!--属性值=属性名, 代表属性为 true-->
<input type="checkbox" checked="checked">
<!--属性值=空字符串, 代表属性为 true-->
<input type="checkbox" checked="">
```

3. 省略引号

指定属性值的时候，属性值两边既可以用双引号，也可以用单引号来引用。HTML5 在此基础上进一步改进，当属性值不包括空字符串、单引号、双引号、"<"、">"、"=" 等字符时，属性的引号可以省略，如下面的代码所示：

```
<!--请注意 type 属性的引用符-->
<input type="text">
<input type='text'>
<input type=text>
```

2.3　HTML5 新增和废除的元素

2.3.1　新增的结构元素

在 HTML5 中，新增了以下与结构相关的元素。

1. section 元素
section 元素用于标记文档中的区域或段落，可以用于对页面上的内容进行分块，一个 section 元素通常由标题及其内容组成。

2. article 元素
article 元素代表文档或页面中独立的、完整的、可以独自被外部引用的内容。它可以是一篇博客或报刊中的文章、一篇论坛帖子、一段用户评论或独立的插件，或其他任何独立的内容。

除了内容之外，一个 article 标签通常有它自己的标题（一般放在一个 header 标签里面），有时还有自己的脚注。

3. nav 元素
nav 元素定义导航链接部分，是一个可以用作页面导航的链接组，但不是所有的链接组都要被放进 nav 元素，只需将主要的、基本的链接组放进 nav 元素即可。例如，在页脚中通常会有一组链接，这时使用 footer 元素是最恰当的。一个页面中可以拥有多个 nav 元素，作为页面整体或不同部分的导航。

nav 元素的内容可以是链接的一个列表，标记为一个无序的列表，或者一个有序的列表。nav 元素是一个包装器，它不会替代<ol>或<ul>元素，但会将其包围。

4. aside 元素
aside 元素用来装载非正文的内容，用以表示当前页面或文章的附属信息部分，它可以包含与当前页面或主要内容相关的引用、侧边栏、广告、导航条，以及其他类似的有别于主要内容的部分，被视为页面里面一个单独的部分。它包含的内容与页面的主要内容是分开的，可以被删除，而不会影响到网页的内容、章节或页面所要传达的信息。

5. time 元素

time 元素是一个新元素，可以明确地对机器的日期和时间进行编码，并且以易读的方式展现出来。该元素代表 24 小时中的某个时刻或某个日期，表示时刻时允许带时差。它可以定义很多格式的日期和时间。

```
<time datetime="1988-8-18">这是我的生日</time>
<time datetime="2015-10-16T20:00">今天晚上 8 点开生日 party</time>
<time datetime="2015-10-16T20:00Z">今天晚上 8 点开生日 party </time>
<time datetime="2015-10-16T20:00+09:00">我生日是晚上 8 点的美国时间</time>
```

编码时机器读到的部分在 datetime 属性里，而元素的开始标记与结束标记中间的部分就是显示在网页上的。datetime 属性中的日期与时间之间要用"T"文字分隔，"T"表示时间。在上述的第三行示例中，时间加上 Z 文字，表示给机器编码时使用 UTC 标准时间，最后一行示例中则加了时差，表示向机器编码另一个地区时间，如果是编码本地时间，则不需要添加时差。

6. pubdate 属性

pubdate 属性是一个可选的、布尔值的属性，它可以用到 article 元素中的 time 元素上，意思是 time 元素代表了文章（article 元素的内容）或整个网页的发布日期。

7. header 元素

header 元素表示页面中一个内容区块或整个页面的标题，通常是一些引导和导航信息。它不局限于写在网页头部，也可以写在网页内容里。

通常<header>标签至少包含（但不局限于）一个标题标记（<h1>～<h6>），还可以包括<hgroup>标签，并可以包括表格内容、标识、搜索表单、<nav>导航等。

8. footer 元素

footer 元素定义 section 或 document 的页脚，包含与页面、文章或部分内容有关的信息，如创作者的姓名、文档的创作日期以及创建者联系信息等。它和<header>元素的使用基本一样，可以在一个页面中多次使用，如果在一个区段的后面加入 footer，那么它就相当于该区段的页脚了。

2.3.2　新增的其他元素

1. 新增的块级语义元素

1）figure 元素

figure 用于对元素进行组合。该元素表示一段独立的流内容，一般表示文档主体流内容中的一个独立单元。使用 <figcaption> 元素为 figure 元素组添加标题。

2）dialog 元素

dialog 元素可以定义对话，如交谈记录。

2. 新增的行内语义元素

1）mark 元素

mark 元素主要用来在视觉上向用户呈现那些需要突出显示或高亮显示的文字。mark 元素的一个比较典型的应用就是在搜索结果中向用户高亮显示搜索关键词。

2）meter 元素

meter 元素表示度量衡，仅用于已知最大值和最小值的度量。必须定义度量的范围，既可以在元素的文本中定义，也可以在 min/max 属性中定义。

3）progress 元素

progress 元素表示运行中的进程。可以使用 progress 元素来显示 JavaScript 中耗费时间的函数的进程。

3. 新增的多媒体与交互性元素

1）video 元素和 audio 元素

新增的 video 元素用来插入视频，audio 元素用来插入声音。

2）details 元素

details 元素表示用户要求得到并且可以得到的细节信息，它可以与 summary 元素配合使用。summary 元素提供标题或图例，标题是可见的，用户单击标题时，会显示出 details。summary 元素应该是 details 元素的第一个子元素。

3）datagrid 元素

datagrid 元素表示可选数据的列表，与 input 元素配合使用，可以制作出输入值的下拉列表。progress 元素表示运行中的进程，可以使用 progress 元素来显示 JavaScript 中耗费时间的函数的进程。

4）menu 元素

menu 元素表示菜单列表，当希望列出表单控件时使用该标签。

4. 新增的 input 类型

email——email 类型用于应该包含 E-mail 地址的输入域。

url——url 类型用于应该包含 URL 地址的输入域。

number——number 类型用于应该包含数值的输入域。

range——range 类型用于应该包含一定范围内数字值的输入域。

Date Pickers（数据检出器）。

search——search 类型用于搜索域，如站点搜索或 Google 搜索。search 域显示为常规的文本域。

多个可供选取日期和时间的新输入类型如下所示。

date：选取日、月、年。

month：选取月、年。

week：选取周和年。

time：选取时间（小时和分钟）。

datetime：选取时间、日、月、年（UTC 时间）。

datetime-local：选取时间、日、月、年（本地时间）。

2.3.3　废除的元素

1. 能使用 CSS 代替的元素

对于 basefont、big、center、font、s、strike、tt、u 这些元素，由于它们的功能都是纯粹为画面展示服务的，而在 HTML5 中提倡把画面展示性功能放在 CSS 样式表中统一编辑，所以将这些元素废除，并使用编辑 CSS 样式表的方式进行替代。

2. 不再使用 frame 框架

对于 frameset 元素、frame 元素与 nofranes 元素，由于 frame 框架对页面可存在负面影响，在 HTML5 中已不再支持 frame 框架，只支持 iframe 框架，或者用服务器方创建的由多个页面组成的复合页面的形式，因此同时将以上三个元素废除。

3. 只有部分浏览器支持的元素

对于 applet、bgsound、blink、marguee 等元素，由于只有部分浏览器支持这些元素，所以在 HTML5 中被废除。其中，applet 元素可由 embed 元素替代，bgsound 元素可由 audio 元素替代，marquee 元素可由 JavaScript 编程的方式所替代。

2.4 新增的属性

在 HTML5 中，不仅新增和废除了许多元素，也新增和废除了许多属性。下面就来介绍 HTML5 中新增和废除的属性。

1. 表单相关的属性

1）autofocus 自动聚焦属性

它以指定属性的方式让元素在画面打开时自动获得焦点。对于<input>标签的类型该属性都适用。（type=text）、select、textarea 与 button 指定 autofocus 属性。

2）placeholder 占位属性

它会对用户的输入进行提示，提示用户可以输入的内容。input（type=text）、textarea 指定 placeholder 属性。

3）autocomplete 自动完成属性

autocomplete 属性规定 form 或 input 域应该拥有自动完成功能。当表单元素设置了自动完成功能后，会记录用户输入过的内容，双击表单元素会显示历史输入。autocomplete 属性适用于<form>标签，以及以下类型的<input>标签：text、search、url、telephone、email、password、datepickers、range 及 color。

4）form 属性

它声明属于哪个表单，然后将其放置在页面的任何位置，而不止表单之内。input、output、select、textarea、button 与 fieldset 指定 form 属性。

5）required 必填属性

该属性表示用户提交时进行检查，检查该元素内必定要有输入内容（不允许为空）。required 属性适用于以下类型的<input>标签：text、search、url、telephone、date picker、number、checkbox、radio 及 file。

约束表单元在提交前必须输入值。

6）novalidate 不验证属性

novalidate 属性规定在提交表单时不应该验证 form 或 input 域。可以取消提交时进行的有关检查，表单可以被无条件地提交。

7）multiple 多选属性

multiple 属性规定输入域中可选择多个内容，如 email 和 file。

8）pattern 正则属性

Pattern 属性规定用于验证 input 域的模式（pattern）。模式指的是正则表达式，约束用户输入的值必须与正则表达式匹配。

2. 链接相关的属性

1）media 属性

为 a、area 增加 media 属性，规定目标 URL 是为什么类型的媒介/设备进行优化的。该属性用于规定目标 URL 是为特殊设备（如 iPhone）、语音或打印媒介设计的。该属性可接受多个值，只能在 href 属性存在时使用。

2）herflang 和 rel 属性

hreflang 属性规定在被链接文档中的文本的语言。只有当设置了 href 属性时，才能使用该属性。说明：该属性是纯咨询性的。

rel 属性规定当前文档与被链接文档/资源之间的关系。只有当使用了 href 属性时，才能使用 rel 属性。

3）size 属性

size 属性规定被链接资源的尺寸。只有当被链接资源是图标时（rel="icon"），才能使用该属性。该属性可接收多个值，值由空格分隔。

4）target 属性

为 base 元素增加 target 属性，主要是保持与 a 元素的一致性，同时，target 属性在 Web 应用程序中，尤其是在与 iframe 结合使用时，非常有用。

3. 其他属性

1）reversed 属性

为 ol 元素增加属性 reversed，指定列表倒序显示。

2）charset 属性

为 meta 增加 charset 属性，为文档的字符编码的指定提供了一种比较良好的方式。

3）type 和 label 属性

为 menu 增加 type 和 label 属性。label 属性为菜单定义一个可见的标注，type 属性让菜单可以上下文菜单、工具条与列表菜单三种形式出现。

4）scoped 属性

为 style 增加 scoped 属性。它允许我们为文档的指定部分定义样式，而不是整个文档。如果使用 scoped 属性，那么所规定的样式只能应用到 style 元素的父元素及其子元素。

5）manifest 属性

为 html 元素增加 manifest 属性，开发离线 Web 应用程序时与 API 结合使用，定义一个 URL，在这个 URL 上描述文档的缓存信息。为 iframe 增加三个属性 sandbox、seamless、srcdoc，用来提高页面安全性，防止不信任的 Web 页面执行某些操作。

2.5 全局属性

我们在 HTML5 中新增了一个"全局属性"的概念。所谓全局属性，是指对任何元素都适用的属性。下面介绍几个常用的全局属性。

2.5.1　hidden 属性

hidden 属性类似于 input 元素中的 hidden 元素。它告诉浏览器这个元素的内容不应该以任何方式显示。表示元素的不可见状态有两个值："true" 和 "false"。当 hidden 的取值为 "true" 时，元素不在页面中显示，但还存在于页面中；当 hidden 的取值为 "false" 时，元素显示在页面中。该属性的默认值为 "false"，即元素创建时便显示出来。

HTML：用 CSS 中的 display:none 实现。

```
html5:
<label hidden>看不见 </label>
```

原理：hidden 本质上还是设置类似于 display:none 的效果。

举例探究：上面例子中 label 标签是不可见的，现在显示设置其 display 属性，尽管有 hidden 属性，还是可以看见元素。

```
<label hidden style="display:inline;">看不见 </label>
```

2.5.2　spellcheck 属性

spellcheck 属性是布尔型，使浏览器检查元素的拼写和语法，规定是否必须对元素进行拼写或语法检查。用了 spellcheck 属性，浏览器会帮助检查 html 元素的文本内容拼写是否正确。只有当 html 元素在可编辑状态，sepllcheck 属性才有意义，所以一般是针对 input[text]、textarea 元素用户输入内容进行拼写和语法检查，拼写错误有红色的波浪下画线，右键会给提示。因为 spellcheck 属性属于布尔值属性，因此具有 true 和 false 两种值。

在书写时，需要声明属性值为 true 或 false。

本例中，spellcheck 属性设为 "true"，因此需要测试的输入框中有出错红色波浪线提示。如果设为 "false"，则不需要测试的输入框中没有任何出错提示。

```
<textarea spellcheck="true" cols="60" rows="5"></textarea>
```

如果像下面这样写，则是错误的：

```
<textarea  spellcheck>
```

2.5.3　contenteditable 属性

该属性的主要功能是允许用户编辑内容，是一个非常便捷的属性。通常我们使用的输入文本内容的标签是 input 和 textarea，使用 contenteditable 属性后，可以在 div、table、p、span、body 等很多元素中输入内容。单击时出现一个编辑框，可以配合 js 对网页内容进行局部修改。过去要使用输入框替代。

当一个元素的 contenteditable 状态为 true（contenteditable 属性为空字符串，或为 true，或为 inherit 且其父元素状态为 true）时，意味着该元素是可编辑的；否则，该元素不可编辑。

2.5.4　designmode 属性

designmode 属性用来指定整个页面是否可编辑，它有两个值：on 和 off。该属性只能用 JavaScript 来编辑修改值。如果 designmode 设置为 on，则所有允许设置 contenteditable 的元素都可编辑；如果 designmode 设置为 off，则页面不可编辑。

使用 JavaScript 脚本指定 desginmode 属性的方法如下所示：

```
window.document.designmode="off"
```

2.5.5　tabindex 属性

tabindex 属性规定元素的 Tab 键切换顺序（当 Tab 键用于导航时），可将 tabindex 属性设成 1～32 767 中的一个值。

使用一个负整数允许元素通过编程来获得焦点，但是不允许使用顺序聚焦导航来到达元素。tabindex 属性设为一个负值（如 tabindex="-1"）时，用户使用 Tab 键切换时该 html 元素将不会被选中。

本章小结

本章详细介绍了 HTML5 中新增的结构元素。对于新增的主体结构，本章通过实例对其进行详细的讲解。HTML5 还增加了一些表示逻辑结构或附加信息的非主体结构元素。这些主体结构元素和非主体结构元素是构成整个页面的基础。同时，本章讲解了新增的属性及其用法，以及 HTML5 中废除的元素。最后，介绍了 HTML5 中的全局属性。

通过对这些 HTML5 中新增元素的学习，可以进一步加深对各元素的理解，为后续表单元素等知识的学习打下扎实的基础。

练习与实训

1. 使用 spellcheck 属性检测输入框中的拼音或语法是否正确，创建两个 <textarea> 输入框的元素，并将元素分别设置为 true 和 false，查看显示的检测结果。
2. 设计一个带有 section 元素的 article 元素实例。
3. 使用记事本创建一个包含网页基本结构的页面并浏览该页面。

第 3 章 | 认识 HTML5 的文档结构

本章导读

本章将介绍 Web 标准和 HTML 基本结构,帮助大家了解 HTML5 的轮廓,并通过一个实例介绍符合 Web 标准的 HTML5 文档结构。

3.1 Web 标准

在 Web 技术成为主流的时代,各种类型和版本的浏览器也越来越多,网页的兼容成为困扰开发人员的问题。为了解决这一问题,W3C 和其他标准化组织制定了一系列的规范,用来创建和解释基于 Web 的内容。

3.1.1 Web 标准概述

通过前面的学习,我们了解到,制作的网页需要在浏览器中运行。目前,存在各种不同类型的浏览器版本,为了让各种浏览器都能正常显示网页,Web 开发者常常需要为此耗费大量时间。为了使 Web 更好地发展,在开发新的应用程序时,浏览器开发商和站点开发商应遵守共同的标准。

Web 标准不是某一个标准,而是一系列标准的集合,它在业界已经成为一种网页制作的非强制性规范。按这些规范制作的网页,注重结构清晰,内容与表现相分离,这样做将使页面数据在以后可以被分享、交换和重用,也可以为页面带来更多的益处。

因此,Web 标准在开发中是很重要的,主要表现在以下三个方面:

(1)对于浏览器开发商和 Web 程序开发人员,在开发新的应用程序时遵守指定的标准有利于 Web 更好地发展。

(2)对于 Web 程序开发人员,遵循 Web 标准,可以很容易了解彼此的编码,团队协作开发也变得更简单了。

(3)对于网站所有者,遵循并使用 Web 标准,将确保所有浏览器正确显示网站内容,无须费时重写。而且,遵守标准的 Web 页面可以更容易被搜索引擎访问并收入网页,也可以更容易转换为其他格式,并更易于访问程序代码(如 JavaScript 和 DOM)。

3.1.2 Web 标准规定的内容

网页主要由三部分组成:结构(Structure)、表现(Presentation)和行为(Behavior)。网页的结构、表现和行为的定义分别如下。

(1)网页的结构是指组成页面内容的标题、段落、表格等。

(2)网页的表现是指页面元素的外观和页面的整体布局。

(3)网页的行为是指用户和客户端/服务器之间的交互。例如,单击文本弹出提示框。

对应的 Web 标准也分三方面：（1）结构化标准语言，主要包括 XHTML 和 XML；（2）表现标准语言，主要包括 CSS；（3）行为标准，主要包括对象模型（如 W3C DOM）、ECMAScript 等。这些标准大部分由万维网联盟（W3C）起草和发布，也有一些是其他标准组织制定的标准，如 ECMA（European Computer Manufacturers Association）的 ECMAScript 标准。

3.2　HTML5 的基本结构

HTML5 文档主要包含文档类型声明 doctype、HTML 文档开始标记<html>、元信息标记<meta>、主体标记<body>和页面注释标记。

3.2.1　文档类型标记 doctype

doctype 是文档类型标记，该标记是将特定的标准通用标记语言或者 XML 文档与文档类型定义（DTD）联系起来的指令，它的目的是要告诉标准通用标记语言解析器，它应该使用什么样的文档类型定义（DTD）来解析文档。

在 HTML4 和 XHTML1.0 时代，有好几种可供选择的 doctype，每一种都会指明 HTML 的版本，以及使用的是过渡型还是严格型模式，既难理解又难记忆。例如，XHTML1.0 严格型文档的 doctype 声明如下：

```
<!DOCTYPE html PUBLIC "-//W3C//DTD XHTML 1.0 Strict//en"
"http://www.w3. org/TR/xhtml1/DTD/xhtml1-strict.dtd">
```

HTML5 对文档类型进行了简化，刻意不使用版本声明，一份文档将会适用于所有版本的 HTML。HTML5 中的 doctype 声明方法如下：

```
<!doctype  html>
```

所有浏览器都理解 HTML5 中的 doctype 声明。需要注意的是，doctype 声明应出现在 HTML 文档的第一行。

3.2.2　html 标记

在 HTML 文档里，首先出现的标记就是 html 标记，它表示该文件是以超文本标记语言 HTML 编写的。html 标记是成对出现的，开始标记<html>和结束标记</html>分别位于文件的最前面和最后面，文档的所有内容都包含在其中。html 标记不带有任何属性，语法格式如下：

```
< html>
...
< /html>
```

3.2.3　头标记 head

HTML 页面分为两个主要部分：head 和 body。

head 元素是一个表示网页头部的标记，head 元素并不放置网页的任何内容，而是放置关于 HTML 文件的信息，如页面标题（<title></title>），提供为搜索引擎准备的关于页面本身的信息（<meta />），定义 CSS 样式（<style></style>）和脚本代码（<script></script>）等，用法如下：

```
< head>
<meta charset="utf-8" />
<title>…</title>
< /head>
```

3.2.4 主体标记 body

body 元素是 HTML 文档的主体部分，网页的内容都应该写在<body>和</body>之间，包括文本、图像、表单、音频、视频等其他内容，用法如下：

```
<body>
<h1>卯酉东海道</h1>
<p><small>CD 附带故事</small></p>
<img src="img/cover.jpg"/>
…
</body>
```

3.2.5 标题标记 title

title 元素是页面的标题标记，每个 HTML 文档都需要用一个页面标题来说明页面的用途。页面的标题内容写在<title>和</title>之间，并且<title>标记应包含在<head>和</head>标记之中。例如：

```
<title>
  Mog 的个人主页
</title>
```

浏览网页时，页面标题作为窗口名称显示在该窗口的标题栏中，如图 3-1 所示。这对浏览器的收藏功能很有用，更为重要的是，页面标题会被 Google、百度等搜索引擎采用，并将页面标题作为搜索结果中的链接显示。因此，标题的内容应该是简短的、描述性的，并且是唯一的。

一些网页设计人员不太重视 title 元素，让 title 标记的内容保存为代码编辑器默认添加的文字（例如：无标题文档），从而造成搜索引擎无法将页面内容按照与之相关的文字进行索引。

3.2.6 元信息标记 meta

meta 元素是 HTML 文档 head 区的一个辅助性标记，提供有关页面的元信息（meta-information），例如，针对搜索引擎和更新频度的描述和关键词。

<meta>位于文档的头部，不包含任何内容，是一个空元素。<meta>标记的属性定义了与文档相关联的名称/值对。

1）字符集 charset 属性

几乎所有的网页上都可以看到类似下面的代码：

```
<meta charset="utf-8" />
```

这里的 charset 指的是字符编码，这段代码告诉浏览器，网页使用"utf-8"字符集显示。

图 3-1　标题标记 title

2）搜索引擎关键字

meta keywords 关键字对搜索引擎的排名算法起到一定的作用，也是很多人进行网页优化的基础。关键字在浏览时是看不到的，使用格式如下：

```
<meta name="keywords"  content="关键字,keywords" />
```

例如：

```
<meta name="keywords" content="HTML5,CSS,JavaScript" />
```

定义了页面的关键字为"HTML5,CSS,JavaScript"。说明：不同的关键字之间应用半角逗号隔开，不用使用空格或"|"间隔。

3）页面描述

meta description（描述标记）用来简略描述页面的主要内容，通常被搜索引擎用于搜索结果页上展示给最终用户看的一段文字片段。页面描述在页面上是不显示的，使用格式如下：

```
<meta name="description"  content="网页的介绍" />
```

例如：

```
<meta name="description"  content="HTML5 教程" />
```

4）页面定时跳转

使用<meta>标记可以使网页在经过一定时间后自动刷新，这可通过将 http-equiv 属性值设置为 refresh 来实现。content 属性值可以设置为更新时间。

在浏览网页时，经常会看到一些欢迎信息的页面，经过一段时间后，自动跳转到主页面，这就是网页的跳转。页面定时刷新跳转的语法格式如下：

```
<meta http-equiv="refresh"  content="秒;[url=网址] " />
```

其中[url=网址]部分是可选项，如果有这部分内容，页面定时刷新并跳转；如果省略该部分内容，页面只定时刷新，不进行跳转。

例如，实现每 6 秒刷新一次页面，将下述代码放入 head 标记部分即可：

```
<meta http-equiv="refresh" content="6" />
```

3.2.7　页面注释标记

注释是在 HTML 代码中插入的描述性文本，用来解释该代码或提示其他信息。注释的内容并不显示在页面上，浏览器对注释代码也不进行解释，但是在 HTML 源码中适当添加注释是一种非常好的习惯，可以给我们带来很大的好处。例如，注释可以提高代码的可读性，可以方便查找、比对，可以方便设计者日后的代码修改、维护工作，也可以方便在将代码交给其他程序员时，其他人能快速了解代码。

添加注释的方法如下：

```
<!--注释内容-->
```

页面注释不但可以对 HTML 中的一行或多行代码进行解释说明，还可以注释代码。例如，如果希望某些 HTML 代码在浏览器中不显示，可以将这部分内容放在<!--和-->之间。

下面的代码为标题添加了一行代码注释，图片元素被注释掉了，页面将不再显示图片。

```
< html>
< head>
<meta charset="utf-8" />
<title>…</title>
< /head>
<body>
<!--这是标题  -->
<h1>卯酉东海道</h1>
<p>CD 附带故事</p>
<!--
<img src="img/cover.jpg"/>
-->
</body>
< /html>
```

3.3　综合实例——符合 W3C 标准的 HTML5 网页

实例代码：

```
<!DOCTYPE html>
<html>
 <head>
    <meta charset="UTF-8">
```

```
    <title>Web 标准实例</title>
    <!--使用 css 将段落颜色设为蓝色，标题、段落和图片设置水平居中，图片宽度为 50%-->
    <style type="text/css">
        p{
            color: blue;
        }
        h1,p,div{
            text-align: center;
        }
            img{
            width: 50%;
        }
    </style>
    <!--使用 javascript 在页面上输出文本 "欢迎来到我的主页！" -->
    <script type="text/javascript">
        document.write("欢迎来到我的主页！")
    </script>
</head>
<body>
    <h1>卯酉东海道</h1>
    <p>CD 附带故事</p>
    <div>
        <img src="img/cover.jpg"/>
    </div>
</body>
</html>
```

实例效果如图 3-2 所示。

图 3-2 符合 W3C 标准的 HTML5 网页

本实例在文档的<head>标记内增加了 CSS 样式表和 JavaScript 脚本代码，它们分别改变了网页的外观格式和网页的行为。

3.3.1 HTML

一个 HTML 文件是由一系列的标记组成的，如段落标记、图像标记。HTML 标记主要包括三种成分：元素、属性和值。

1．元素

HTML 元素描述网页不同部分的结构，指的是从开始标记到结束标记之间的所有代码，分为非空元素和空元素两类。

1）非空元素

非空元素也称为双标记，即具有开始标记和结束标记两个标记。例如：

```
<p>一个段落</p>
```

上面所示的是一个段落，段落的开始标记为<p>，结束标记为</p>，其中"一个段落"是 p 元素标记的内容，即为段落的内容。

2）空元素

还有一些元素不具有元素内容，它们称为空元素。空元素只有一个标记，既作为元素开始，又作为元素结束，在结尾处写上空格和斜杠，因此也称为单标记。例如：

```
<img src="img/cover.jpg"    alt="封面"/>
```

上面所示的是一个图像元素，不包含任何文本内容。

2．属性和值

大多数 HTML 元素都有自己的一些属性及属性值，属性要写在开始标记内。属性用于进一步改变显示的效果，各属性之间无先后次序。属性是可选的，属性也可以省略而采用默认值。其格式如下：

```
<标记名  属性="属性值" >内容</标记名>
```

例如：

```
<img src="img/cover.jpg"    alt="封面" width="200" height="150" />
```

img 标记中的"src="img/cover.jpg"   alt="封面" width="200" height="150""是图像元素的属性和值，并未被元素包围。

有的属性可以接收任何值，有的属性则有限制。例如，段落标记 p 的属性 text-align（对齐方式），只能从预定义的标准值中选择，即 center、justify、left、right 中的一个。

3．元素的嵌套

父元素和子元素：如果一个元素包含另一个元素，它就是被包含元素的父元素，被包含的元素称为子元素。子元素中包含的任何元素都是外层父元素的后代。这种类似家谱的结构是 HTML 代码的关键特性。例如：

```
<div>
    <h1>一级标题</h1>
    <p>段落<em>重点内容</em></p>
</div>
```

在这段代码中，div 元素是 p、h1 元素的父元素；反过来，p、h1 是 div 元素的子元素（也是后代）。p 元素是 em 元素的父元素；em 元素是 p 元素的后代。

4．块级元素、短语元素与 HTML5

有些 HTML 元素从新的一行开始显示，就像书中的各个段落一样，如段落 p 标记；而另外一些元素则与其他内容显示在同一行，如 em 标记。这些都是浏览器默认的样式，而不是 HTML 元素自身的样式，也不是由代码中两个元素之间的空行引起的。

在 HTML5 之前，大多数元素都可以划为块级（从新行开始）和行内（与其他内容显示在同一行）两种类别。HTML5 废弃了这些术语，因为这些术语把元素与表现关联起来，而 HTML 并不负责表现。通常，旧的行内元素在 HTML5 中都被归类为短语内容。

尽管 HTML5 不再使用块级、行内这些术语，但这样划分有助于理解它们的含义。本书也会偶尔使用这些术语，以说明元素在默认情况下是另起一行还是与其他内容共处一行。

5．语义化标记

HTML 描述的是网页内容的含义，即语义。在 Web 中，语义化 HTML 指的是那些使用最恰当的 HTML 元素进行标记的内容，在标记的过程中并不关心内容如何显示。每个 HTML 元素都有各自的语义，我们将在后面的学习中了解到。

3.3.2　CSS

CSS 全称为 Cascading Style Sheets（层叠样式表），是一组用于定义页面外观格式的 Web 规则。CSS 为 HTML 提供了一种样式描述，定义了其中元素的显示方式，可以对页面的布局、字体、颜色、背景和其他效果实现更加精确的控制。利用它可以实现修改一个小的样式更新与之相关的所有页面元素。本书后续章节将详细介绍 CSS 的相关知识。

在本实例中，下面的代码使用了 CSS，定义该页面中所有段落的颜色为蓝色。

```
<style type="text/css">
    p{
        color: blue;
    }
</style>
```

3.3.3　JavaScript

JavaScript 是为适应动态网页制作的需要而诞生的一种新的编程语言，如今已广泛地应用于 Web 应用开发。JavaScript 是由 Netscape 公司开发的一种脚本语言。为了统一规格，因为 JavaScript 兼容于 ECMA 标准，因此也称为 ECMAScript。

在 HTML 基础上使用 JavaScript 可以开发交互式 Web 网页。JavaScript 的出现使得网页和用户之间实现了一种实时性的、动态的、交互性的关系，使网页包含更多活跃的元素和更加精彩的内容。

JavaScript 是一种脚本语言，其源代码在发往客户端运行之前不需要经过编译，而是将文本格式的字符代码发送给浏览器由浏览器解释运行。JavaScript 短小精悍，又是在客户端执行，因此大大提高了网页的浏览速度和交互能力。

在本实例中，下面的代码使用 JavaScript 在页面输出文本"欢迎来到我的主页！"。

```
<script type="text/javascript">
    document.write("欢迎来到我的主页！")
</script>
```

3.4 HTML5 页面构成

3.4.1 HTML5 页面主要组成部分

在 HTML5 中，为了使文档结构更加清晰、容易阅读，增加了一些与页眉、页脚、内容区块等文档结构相关联的结构元素。页面通常有四个主要部分：带导航的页头、显示在主体内容区域的文字、显示相关信息的侧边栏及页脚，如图 3-3 所示。

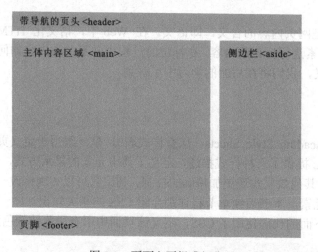

图 3-3　页面主要组成部分

其代码基本结构如下：

```
<div id="wrapper">
    <header  role="banner">    <!--页头-->
        …
            <nav class="" class="mainnav" role="navigation">
                …
        </nav>
    </header>

        <main  class="content" role="main">    <!--主体-->
            …
```

```
        <article>
          <section>
              ...
          </section>
        </article>
    </main>

    <aside class="rightside" role="complementary">    <!--侧边栏-->
       ...
    </aside>

    <footer role="contentinfo">    <!--页脚-->
       ...
    </footer>

</div>
```

3.4.2 综合实例——HTML5 页面构成

实例代码：

```html
<!DOCTYPE html>
<html>
<head>
    <meta charset="UTF-8">
    <title>学校概况</title>
    <link href="css/style.css" rel="stylesheet">
</head>
<body>
<!--页面开始-->
<div id="wrapper">

   <!--页首开始-->
<header role="banner">
   <img src="img/xh.bmp" width="180" height="165" />
        <h1>武汉软件工程职业学院</h1>
              <nav class="mainnav" role="navigation">
            <ul>
      <li><a href="#">首页</a></li>
                <li><a href="#">院系设置</a></li>
                <li><a href="#">教学管理</a></li>
                <li><a href="#">招生就业</a></li>
                <li><a href="#">学工在线</a></li>
```

```
                    <li><a href="#">校园风采</a></li>
                        <li><a href="#">教工之家</a></li>
                        <li><a href="#">图书馆</a></li>
                    </ul>
                </nav>
    </header>
        <!--页首结束-->


<!--左侧正文开始-->
<main class="content" role="main">
            <h1>武汉软件工程职业学院</h1>
            <article>
        <section>
            <h2>学校简介</h2>
            <p>武汉软件工程职业学院是武汉市人民政府主办的综合性高等职业院校，是"国家骨干高职
院校立项建设单位"、"全国示范性软件职业技术学院"建设单位、高职高专人才培养工作水平评估"优秀"
院校；是"国家软件技术实训基地"、教育部等六部委确定的"计算机应用与软件技术"、"汽车运用与维修"
技能型紧缺人才培养培训基地、全国高职高专计算机类教育师资培训基地；是中国高职教育研究会授予的"高
等职业教育国家职业资格教学改革试点院校"；省级文明单位、省级"平安校园"先进单位、湖北省职业教育
先进单位。</p>
            <p>学校地处"国家自主创新示范区"—武汉市东湖高新技术开发区，即"武汉•中国光谷"腹地，
环境优美，设施优良。占地面积1000余亩，建筑面积33万平方米，仪器设备总值8800余万元，教学用计
算机6147台，实训（实验）室175间；图书馆馆藏图书385余万册，其中纸质图书54余万册，电子图书
331余万册，学校师生可通过校园网共享清华同方、万方数据等中文数据库。</p>
            <p>学校现开设专业52个（其中国家骨干高职院校重点建设专业4个，省级重点专业3个，省级
教学改革试点专业1个，湖北省战略性新兴产业人才培养计划专业1个，"楚天技能名师"设岗专业10个），
面向全国30个省市招生，全日制学生14000余人。</p>
        </section>
        <section>
            <h2>学校校训:厚德尚能</h2>
            <p>"厚德"原意为增厚美德。用以指我院坚持"以德为先"的办学理念，做到以德治校，以德治
教，以德治学。重视品德修养，加强道德规范，胸怀博大，宽厚仁爱，勤奋敬业，与自然和睦相处，同社会
谐调发展，做一个道德高尚的人。</p>
            <p>"尚能"意为重视能力培养，重视素质的全面提高。确立以能力为核心的质量观和以技能贡献
于社会、以技能谋求自身发展的人生理念。努力提高知识应用能力、专业技术能力、同时加强继续学习能力、
创新能力、创业能力等多种能力培养。开发潜能，发展个性，成为全面发展的高素质技能型专门人才。</p>
        </section>
        <section>
            <h2>校徽</h2>
            <p>一、徽标主题图案由"SOFTWARE"和"ENGINEERING"两个单词的第一个字母"S"和"E"
组合而成，有强烈的立体感、空间感和想象空间，外形酷似我院建筑外观，有较强的指向性。</p>
            <p>二、徽标总体由立体"S"和"E"两个部分融会连接，象征学院地处"九省通衢"的武汉，寓
意我院的教育是为武汉经济服务，同时也寓意我院发展的道路一路通畅。</p>
        </section>
```

```
</article>
</main>
<!--左侧正文结束-->


<!--右侧侧栏开始-->
<aside class="rightside" role="complementary">
  <h3>扩展链接</h3>
    <ul>
        <li><a href="#">思政教育</a></li>
        <li><a href="#">工作简讯</a></li>
        <li><a href="#">教务管理</a></li>
        <li><a href="#">学工快讯</a></li>
    </ul>
    <h3>快速导航</h3>
    <ul>
        <li><a href="#">计算机学院</a></li>
        <li><a href="#">机械工程学院</a></li>
        <li><a href="#">电子工程学院</a></li>
        <li><a href="#">汽车工程学院</a></li>
        <li><a href="#">商学院</a></li>
        <li><a href="#">艺术与传媒学院</a></li>
        <li><a href="#">环境与生化工程学院</a></li>
        <li><a href="#">人文学院</a></li>
    </ul>
  </aside>
  <!--右侧侧栏结束-->


  <!--页脚开始-->
  <footer >
      <p>Copyright 2017 武汉软件工程职业学院(版权所有)All Right Reserved</p>
  </footer>
    <!--页脚结束-->


    </div>
<!--页面结束-->
</body>
</html>
```

实例效果如图 3-4 所示。

1. 页眉 header 元素

header 元素是一种具有引导和导航作用的结构元素,通常用来放置整个页面或页面内一个内容区块的标题和相关介绍信息或导航信息。需要强调的是,一个网页内并未限制 header 元素的个数,不仅可以在文档开头,也可以为每个内容区块添加一个 header 元素,如在 main、 aside 等元素中，它们的含义根据上下文而有所不同。处于页面开头或接近这个位置的 header 元素可以作为整个页面的页眉（即页头部分），如本实例所示的网页，它的页眉如图 3-5 所示。

图 3-4　HTML5 页面构成

图 3-5　网页页眉

代码如下：

```
<header role="banner">
    <img src="img/xh.bmp" width="180" height="165" />
        <h1>武汉软件工程职业学院</h1>
            <nav class="mainnav" role="navigation">
        <ul>
            <li><a href="#">首页</a></li>
            <li><a href="#">院系设置</a></li>
            <li><a href="#">教学管理</a></li>
            <li><a href="#">招生就业</a></li>
            <li><a href="#">学工在线</a></li>
            <li><a href="#">校园风采</a></li>
            <li><a href="#">教工之家</a></li>
            <li><a href="#">图书馆</a></li>
        </ul>
            </nav>
</header>
```

上面代码中的 header 元素所标记的内容代表整个页面的页眉，它包含图像、标题及一组代表整个页面主导航的链接。可选的"role"属性并不适用于所有页眉，它指出该页眉为页面级的页眉，因此可以提高页面的可访问性。

2. 导航 nav 元素

nav 元素用来构建导航，导航定义为一个页面中或一个站点内的链接。但不是链接的每一个集合都是一个 nav，只需要将主要的、基本的链接组放进 nav 元素中。一个页面中可以拥有多个 nav 元素，作为页面整体或不同部分的导航。本实例中的导航位于页面的 header 区，如图 3-6 所示。

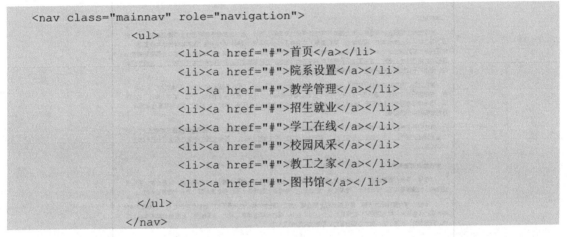

图 3-6　导航 nav

代码如下：

```html
<nav class="mainnav" role="navigation">
        <ul>
                <li><a href="#">首页</a></li>
                <li><a href="#">院系设置</a></li>
                <li><a href="#">教学管理</a></li>
                <li><a href="#">招生就业</a></li>
                <li><a href="#">学工在线</a></li>
                <li><a href="#">校园风采</a></li>
                <li><a href="#">教工之家</a></li>
                <li><a href="#">图书馆</a></li>
        </ul>
</nav>
```

nav 有一个可选的"role"属性，它指出该导航为页面的导航，这可以提高页面的可访问性。

3. 主要区域 main 元素

每个页面都有一个部分代表其主要内容，这样的内容可以包含在 main 元素中。main 元素在一个页面中仅能使用一次。最好在 main 开始标记中加上 role=" main "，它可以帮助屏幕阅读器定位页面的主要区域。本实例中的主要内容区域如图 3-7 所示。

代码如下：

```html
<main class="content" role="main">
        <h1>武汉软件工程职业学院</h1>
        <article>
         <section>
         <h2>学校简介</h2>
         <p>武汉软件工程职业学院是武汉…</p>
         <p>学校地处"国家自主创新示范区"—武汉市东湖高新技术…</p>
         <p>学校现开设专业 52 个…</p>
        </section>
```

```
            <section>
<h2>学校校训：厚德尚能</h2>
<p>"厚德"原意为增厚美德。用以指我院坚持"以德为先"的办学理念…</p>
<p>"尚能"意为重视能力培养，重视素质的全面提高。… </p>
    </section>
    <section>
<h2>校徽</h2>
<p>一、徽标主题图案由"SOFTWARE"和"ENGINEERING"两个单词的…</p>
<p>二、徽标总体由立体"S"和"E"两个部分融会连接，象征学院…</p>
    </section>
</article>
</main>
```

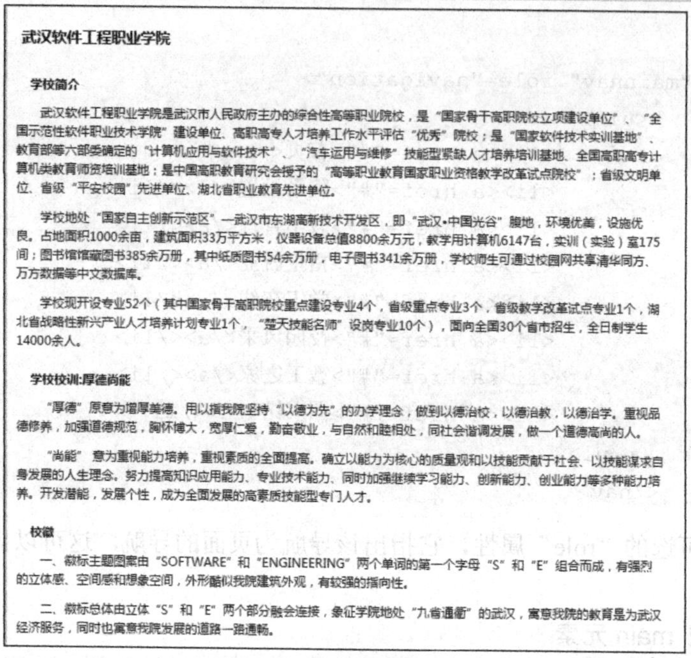

图 3-7　主要区域 main

4. 文章 article 元素

article 元素表示文档、页面、应用程序或站点中的自包含成分所构成的一个页面的一部分，并且这部分专用于独立的分类或聚合。一个博客帖子、一个教程、一篇杂志或报纸文章、一个视频及其脚本，都可以定义为 article 元素。在本例中，main 主要区域内部有一个 article 元素。除了内容部分，一个 article 元素也可以有自己的标题，有时还有自己的脚注。

5. 区块 section 元素

section 元素代表文档或应用程序中一般性的"段"或者"节"。"段"在这里指的是对内容按照主题进行的分组，通常还附带标题。

一个 section 元素通常由内容及标题组成，它的作用是对页面上的内容进行分块，或者说对文章进行分段。但是不要与 article 混淆，article 元素有着自己的完整的、独立的内容。什么时候用 article，什么时候用 section，主要看这段内容是否可以脱离上下文、作为一个完整独立的内容存在。以本实例的页面为例，里面的文字主体采用<article>标记，因为这是一篇介绍武汉软件工程职业学院的独立完整的文章，而文中的每一段内容则使用 section 元素，每一段都有一个独立的标题，是整篇文章的一部分，并不脱离文章独立存在。

6. 附注栏 aside 元素

有时候页面中有一部分内容与主题内容的相关性没有那么强，但可以独立存在，此时可以使用 aside 元素在语义上表示出来。aside 元素可以嵌套在 main 主要区域中，也可以位于主要区域外。使用 aside 的例子包括重要引述、侧栏、指向文章的一组链接（通常针对新闻网站）、广告、nav 元素组（如博客的友情链接）等。例如，本实例中的扩展链接部分就是使用 aside 元素实现的，其代码如下：

```
<aside class="rightside" role="complementary">
  <h3>扩展链接</h3>
    <ul>
        <li><a href="#">思政教育</a></li>
        <li><a href="#">工作简讯</a></li>
        <li><a href="#">教务管理</a></li>
        <li><a href="#">学工快讯</a></li>
    </ul>
    <h3>快速导航</h3>
    <ul>
        <li><a href="#">计算机学院</a></li>
        <li><a href="#">机械工程学院</a></li>
        <li><a href="#">电子工程学院</a></li>
        <li><a href="#">汽车工程学院</a></li>
        <li><a href="#">商学院</a></li>
        <li><a href="#">艺术与传媒学院</a></li>
        <li><a href="#">环境与生化工程学院</a></li>
        <li><a href="#">人文学院</a></li>
    </ul>
</aside>
```

效果如图 3-8 所示。

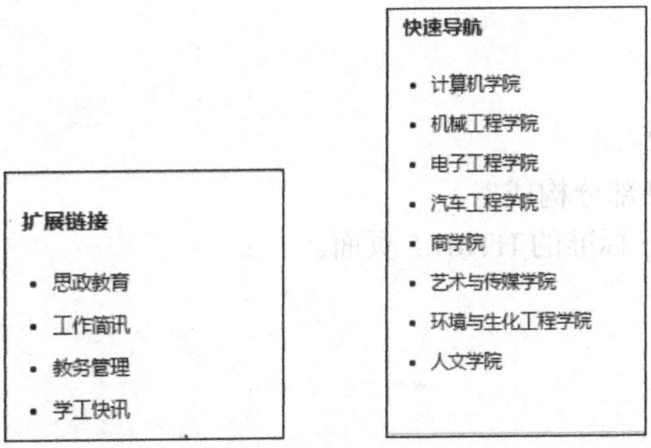

图 3-8 侧边栏 aside

7. 页脚 footer 元素

footer 元素可以作为其父级内容区块或一个根区块的脚注，而不仅仅是页面底部的页脚。footer 和 header 一样，可以嵌套在 article、section、aside、nav 等元素中，作为它们的注脚。当它最近的父级元素是 body 时，它就是整个页面的页脚。作为页面级页脚，footer 要添加 role = " contentinfo " 属性来指明，这样可以提高页面的可读性。例如，本实例中的 footer 是整个页面的页脚，其代码如下：

```
<footer >
    <p>Copyright 2008 武汉软件工程职业学院(版权所有)All Right Reserved</p>
</footer>
```

效果如图 3-9 所示。

Copyright 2008 武汉软件工程职业学院(版权所有)All Right Reserved

图 3-9　页面的页脚

8. 通用容器标记 div

有时需要在一段内容外围包一个容器，从而可以为其应用 CSS 样式或 JavaScript 效果。如果没有这个容器，效果就无法应用。考虑前面所讲到的元素，如 header、main、aside 等，它们从语义上都不太合适。因此，HTML 提供了另外一个元素 div。div 是容器标记，这个标记给我们的网页设计带来了很大的方便。在实例代码中，有一个 id 为 wrapper 的 div 元素包着所有的页面内容。页面的语义没有发生改变，但现在有了一个可以用 CSS 添加样式的通用容器。div 元素自身没有任何默认样式，只是其包含的内容从新的一行开始，它是一个块级元素。div 可以包含任何元素内容，包括文本、图像、表格等。

本章小结

本章首先对 Web 标准进行了介绍，然后深入讲解了 HTML 文档的基本结构，并通过一个实例介绍符合 Web 标准的 HTML5 文档结构。在后面的章节中本书将更加详细地介绍 HTML 文档的每一部分。

练习与实训

1. 什么是 Web 标准？
2. HTML 文档由哪几部分构成？
3. 创建一个符合 Web 标准的 HTML5 页面。

第4章 | 网页文本设计

文字是网页中最基本的要素之一。设计网页时，如果一长串密密麻麻的文字都没有适当的断行与分段，则会在阅读上造成很大不便。本章将学习如何在网页中编辑文字与段落。

4.1 添加文本

4.1.1 普通文本

网页中总是需要显示相关的文本信息。这里的普通文本是指汉字或者在键盘上可以输出的字符。普通文本的输入方式有两种：

➤ 在 HTML 文件的\<body\>标记中，在光标闪烁的地方直接输入；

➤ 从其他地方将现有的文本直接复制粘贴过来。

实例代码 4-1：

```
<!DOCTYPE html>
<html>
    <head>
        <meta charset="UTF-8">
        <title>普通文本输入</title>
    </head>
    <body>
        静夜思
        床前明月光，
        疑是地上霜。
        举头望明月，
        低头思故乡。
    </body>
</html>
```

运行效果如图 4-1 所示。在上面的运行结果中，我们可以看到，在 HTML 中换了行的文本，结果输出时并没有换行。在实际中换行需要用到换行标记\<br /\>。

4.1.2 特殊字符文本

有些字符在 HTML 里有特别的含义，比如小于

图 4-1 页面中的普通文本

号（<）就表示 HTML Tag 的开始，这个小于号是不显示在我们最终看到的网页里的。那如果我们希望在网页中显示一个小于号，该怎么办呢？

为了在网页文档中使用诸如小于号（<）、大于号（>）、引号（"）和版权符（©）等特殊字符号，需要使用特殊字符，或者称为字符实体（Character Entity）。比如，我们需要在网页底部添加一个版权行：

© Copyright 2016 北京大学 版权所有 All Right Reserved

则可以使用实体字符© 显示版权符号，相应的代码如下：

```
&copy; Copyright 2016 北京大学 版权所有 All Right Reserved
```

一个字符实体（Character Entity）分为三部分：第一部分是一个&符号，英文叫 ampersand；第二部分是实体（Entity）名字或者是#加上实体（Entity）编号；第三部分是一个分号。

比如，要显示小于号，就可以写成< 或者 < 。

用实体（Entity）名字的好处是比较好理解，一看 lt，大概就猜出是 less than 的意思，但是其劣势在于并不是所有的浏览器都支持最新的 Entity 名字。而实体（Entity）编号，各种浏览器都能处理。

注意：Entity 是区分大小写的。

另外，在 HTML 文件中，无论输入多少个空格，Web 浏览器都只视为一个空格。例如，在两个字之间加了 10 个空格，HTML 会截去 9 个空格，只保留一个。要在文本中添加少量空格，可以连续使用 来表示多个空格。

常用的字符实体如表 4-1 所示。

表 4-1　常用字符实体

字　　符	说　　明	实 体 名 称	实 体 编 号
	显示一个空格		
<	小于	&lt;	&#60;
>	大于	&gt;	&#62;
&	&符号	&amp;	&#38;
"	双引号	&quot;	&#34;
©	版权	&copy;	&#169;
®	注册商标	&reg;	&#174;
×	乘号	&times;	&#215;
÷	除号	&divide;	&#247;

4.1.3　文本特殊样式

有些文本需要强调、斜体或粗体等一些特殊样式，本小节将逐一介绍这些文本特殊样式的标记。

1. 重要或强调文本

1）strong 标记

strong 元素标记内容中重要的文本。在一般浏览器中，strong 标记将标记内容设置为粗体。例如：

```
<strong>重要文本</strong>
```

可以在标记为 strong 的短语中再嵌套 strong 文本。如果这样，作为另一个 strong 的子元素的 strong 文本的重要程度就会递增。这个规则对于下面讲到的 em 元素标记也适用。

2）em 标记

em 元素标记的是内容中需要强调语气的文本。在一般浏览器中，em 元素标记的内容默认以斜体显示。例如：

```
<em>强调文本</em>
```

如果 em 是 strong 的子元素，文本将同时以斜体和粗体显示。例如，下面的例子中"显示效果"文本将以斜体和粗体显示。

实例代码 4-2：

```
<!DOCTYPE html>
<html>
    <head>
        <meta charset="UTF-8">
        <title>重要文本</title>
    </head>
    <body>
        <p><strong>加强调文字的显示效果</strong></p>
        <p><em>强调文字的显示效果</em> </p>
        <p><strong>特别强调的文字：<strong>显示效果</strong></strong></p>
        <p><strong>em 和 strong 一起使用的文字：<em>显示效果</em></strong></p>
    </body>
</html>
```

在 Chrome 浏览器中的运行效果如图 4-2 所示。

2. 粗体、斜体、下画线文本

<b></b>用来使文本以粗体字的形式输出；<i></i>用来使文本以斜体字的形式输出；<u></u>用来使文本以加下画线的形式输出。

说明：在使用时，不要用<b>代替<strong>、<i>代替<em>。虽然它们在浏览器中的显示效果相同，但是语义不同。

图 4-2　页面中的重要文本

实例代码 4-3：

```
<!DOCTYPE html>
<html>
    <head>
        <meta charset="UTF-8">
        <title>粗体斜体下画线</title>
    </head>
    <body>
        <p><b>这些文字是粗体的</b></p>
        <p><i>这些文字是斜体的</i> </p>
```

```
        <p><u>这些文字带有下画线</u></p>
    </body>
</html>
```

在 Chrome 浏览器中的运行效果如图 4-3 所示。

3. 上标和下标

文本中的上标和下标指的是比主体文本稍高或稍低的字母或数字，例如，数学中的平方、指数、商标符号、脚注编号、化学符号等。HTML 提供了 sup 和 sub 两个元素标记来定义这两种文本元素。sup 元素标记用来定义上标文本，sub 元素标记用来定义下标文本。

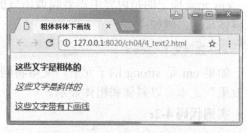

图 4-3　页面中的特殊样式文本

实例代码 4-4：

```
<!DOCTYPE html>
<html>
    <head>
        <meta charset="UTF-8">
        <title>上标下标</title>
    </head>
    <body>
        <p>c=a<sup>2</sup>+b<sup>2</sup></p>      <!-上标显示-->
        <p>H<sub>2</sub>+O→H<sub>2</sub>O</p>     <!-下标显示-->
    </body>
</html>
```

在 Chrome 浏览器中的运行效果如图 4-4 所示。

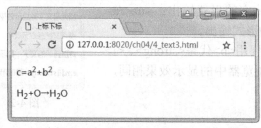

图 4-4　上标和下标文本

sup 和 sub 元素标记的文本内容将会以当前文本流中字符高度的一半来显示，放置在右上角或右下角的位置。但是，上标和下标与当前文本流中文字的字体和字号是一样的。

上标和下标字符会轻微地扰乱行与行之间均匀的间距，可以使用 CSS 解决这个问题。

4. 标注编辑和不再准确的元素

页面中有时需要对前一个版本的内容或者不再准确或相关的内容进行标注，HTML 提供了 ins、del 和 s 三种标记供使用。ins 元素代表添加内容；del 元素标记已删除的内容；s 元素标注不再准确或不再相关的内容。

实例代码 4-5:

```html
<!DOCTYPE html>
<html>
    <head>
        <meta charset="UTF-8">
        <title>文本内容修改</title>
    </head>
    <body>
        <p> 一切都像刚睡醒的样子，<ins>欣欣然张开了眼</ins>。山朗润起来了，水涨起来了，
太阳的脸红起来了<del>，我心情很好</del>!。</p>
        <p><s>桃树、杏树、梨树，你不让我，我不让你。</s></p>
    </body>
</html>
```

在 Chrome 浏览器中的运行效果如图 4-5 所示。

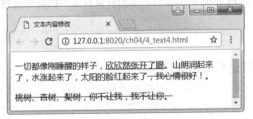

图 4-5　添加、删除文本

4.2　文本排版

在网页中，对文字段落进行排版时，并不像文本编辑软件 Word 那样可以定义许多模式来安排位置。在网页中，要让某一段文字放在特定的位置，需要通过 HTML 标记来完成。例如：换段使用<p>标记，换行使用
标记，各级标题使用<h1>～<h6>的标记，对文档中的内容来源使用<cite>标记等。本节将介绍页面中文本各部分常用的标签。

4.2.1　段落标记

1. p 标签

<p></p>标签对用来创建一个段落，在此标签对之间加入的文本将按照段落的格式显示在浏览器上。由<p>标签所标识的文字，代表同一个段落的文字。不同段落间的间距等于连续加了两个换行符，也就是要隔一行空白行，用以区别文字的不同段落。它可以单独使用，也可以成对使用。单独使用时，下一个<P>的开始就意味着上一个<P>的结束。良好的习惯是成对使用。

另外，<p>标签还可以使用 align 属性，用来说明对齐方式。

➢　left：左对齐。

➢　center：居中。

➢　right：右对齐。

不过，这些都可以使用 CSS 来改变样式，后面讲的都可以通过 CSS 改变样式，因此不再一一说明。

实例代码 4-6：

```
<!DOCTYPE html>
<html>
    <head>
        <meta charset="UTF-8">
        <title>段落 p 标签</title>
    </head>
    <body>
        <p>花儿什么也没有。它们只有凋谢在风中的轻微、凄楚而又无奈的吟怨，就像那受到了致命
伤害的秋雁，悲哀无助地发出一声声垂死的鸣叫。</p>
        <p align="right">或许，这便是花儿那短暂一生最凄凉、最伤感的归宿。</p>
        <p align=center>而美丽苦短的花期</p>
        <p align="left">却是那最后悲伤的秋风挽歌中的瞬间插曲。</p>
    </body>
</html>
```

在 Chrome 浏览器中的运行效果如图 4-6 所示。

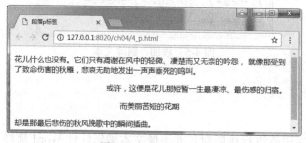

图 4-6　p 标签的应用

2. br 标签

是一个很简单的标签，它没有结束标签。当在段落 p 中需要换行时，可以使用
标签。在
的使用上还有一定的技巧，如果把
加在<p></p>标签对的外边，将创建一个大的回车换行，即
前边和后边的文本的行与行之间的距离比较大，若放在<p></p>的里边，则
前边和后边的文本的行与行之间的距离将比较小。读者可以自己试一试。

实例代码 4-7：

```
<!DOCTYPE html>
<html>
    <head>
        <meta charset="UTF-8">
        <title>br 标签</title>
    </head>
    <body>
        <p>登鹳雀楼 白日依山尽，黄河入海流。欲穷千里目，更上一层楼。</p>
```

```
            <p>登鹳雀楼<br>白日依山尽，<br>黄河入海流。<br>欲穷千里目，<br>更上一层楼。</p>
        </body>
</html>
```

在 Chrome 浏览器中的运行效果如图 4-7 所示。

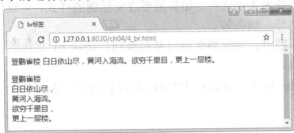

图 4-7　br 标签的应用

3. pre 标签

<pre></pre>标签对用来对文本进行预处理操作。要保留原始文字排版的格式，可以通过<pre>标签来实现，方法是把制作好的文字排版内容前后分别加上始标签<pre>和尾标签</pre>。

实例代码 4-8：

```
<!DOCTYPE html>
<html>
    <head>
        <meta charset="UTF-8">
        <title>pre 标签</title>
    </head>
    <body>
        <pre>
        登鹳雀楼

                    王之涣

        白日依山尽，    黄河入海流。
        欲穷千里目，    更上一层楼。
        </pre>
    </body>
</html>
```

在 Chrome 浏览器中的运行效果如图 4-8 所示。

图 4-8　pre 标签的应用

4.2.2　标题标记

HTML 提供了 6 级标题用于创建页面信息的层级关系，可以使用<h1>～<h6>对各级标题进行标记。其中，<h1>是最高级别的标题，<h2>是<h1>的子标题，<h3>是<h2>的子标题，依次类推。

说明：

（1）所有的标题都是块级标记，标题前后都会自动换行。

（2）在默认情况下，标题标记内容以粗体显示，h1 的字号最大，h2 的次之，逐层递减。

（3）由于 h 元素拥有确切的语义，因此在使用时要根据内容的层次关系来选择标题级数，而不要根据想要的文字显示大小选择。如果需要改变标题的样式，可以使用 CSS 来为标题添加样式，包括字体、字号、颜色等。

（4）在创建分级标题时，应该避免跳过某些级别，如从 h1 直接跳到 h3。不过，允许从低级别跳到高级别标题。

另外，还有一个\<hr\>标签，可以在 HTML 页面中创建一条水平线，通常用于对页面标题和段落进行分割。

实例代码 4-9：

```html
<!DOCTYPE html>
<html>
    <head>
        <meta charset="UTF-8">
        <title>分级标题</title>
    </head>
    <body>
        <h1>这是一级标题</h1>
        <h2>这是二级标题</h2>
        <h3>这是三级标题</h3>
        <h4>这是四级标题</h4>
        <h5>这是五级标题</h5>
        <h6>这是六级标题</h6>
    </body>
</html>
```

在 Chrome 浏览器中的运行效果如图 4-9 所示。

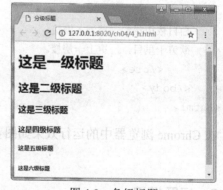

图 4-9　各级标题

4.2.3　center 标记

如果用户要将文档内容居中，还可使用 center 标记，方法为：将需居中的内容置于\<center\>和\</center\>之间。

实例代码 4-10：

```html
<!DOCTYPE html>
<html>
    <head>
        <meta charset="UTF-8">
```

```
        <title>内容居中</title>
    </head>
    <body>
    <center>
        <H1>浣溪沙</H1>
        <hr/>
        <P>一曲新词酒一杯，</P>
        <P>去年天气旧池台，</P>
        <P>夕阳西下几时回？</P>
        <P>无可奈何花落去，</P>
        <P>似曾相识燕归来，</P>
        <P>小园香径独徘徊。</P>
    </center>
    </body>
</html>
```

在 Chrome 浏览器中的运行效果如图 4-10 所示。

图 4-10　center 标签的应用

4.2.4　hr 标记

hr 标记用于在页面中插入一条水平线，使不同内容的文字分隔开，达到整齐、明了的目的。在<hr>标记符中可以设置以下属性：size、width、noshade、color、align，如表 4-2 所示。

表 4-2　hr 的属性

属 性	取值及含义
size	水平线粗细。以像素为单位，默认为 2px
width	水平线的长度。可以是绝对值（像素）或相对值（百分比）
noshade	以平面实线显示，默认为阴影立体显示。noshade 属性可直接用，不需要指定值
color	水平线的颜色
align	水平线对齐方式，取值可以是 right、left、center，默认为 center

实例代码 4-11：

```
<!DOCTYPE html>
<html>
    <head>
        <meta charset="UTF-8">
        <title>水平线</title>
    </head>
    <body>
        以下是默认水平线：<HR>
        以下是粗为 5 像素的水平线：<HR size="5" align="left">
        以下是长度为100 像素的水平线：<HR width="100">
        以下是长度为屏幕宽度 50% 的水平线：<HR width="50%">
        以下是粗为 5 像素的实心水平线：<HR size="5" noshade>
        以下是红色的水平线：<HR color="red">
    </body>
</html>
```

在 Chrome 浏览器中的运行效果如图 4-11 所示。

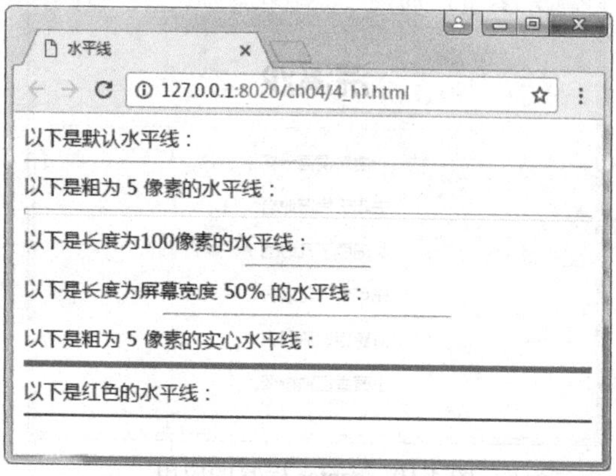

图 4-11　hr 标签的应用

4.2.5　span 标记

在<div>或<center>中，如果要对行内的某几个文字进行特殊设置，可以使用<span></span>将其包围起来。<div>和<span>主要用于 css 样式表中，在后面将会介绍到。

<span>是行内元素，<span>的前后是不会换行的，它没有结构的意义，纯粹是应用样式，当其他行内元素都不合适时，可以使用 span。

实例代码 4-12：

```
<!DOCTYPE html>
<html>
    <head>
        <meta charset="UTF-8">
```

```
        <title>span 标签</title>
    </head>
    <body>
        <p>山朗润起来了，水涨起来了，<span style="color: red;font-size: 40px;">
太阳的脸红</span>起来了</p>
    </body>
</html>
```

在 Chrome 浏览器中的运行效果如图 4-12 所示。

图 4-12　span 标签的应用

4.2.6　特殊信息文本

实例代码 4-13：

```
<!DOCTYPE html>
<html>
<head>
    <meta charset="UTF-8">
    <title>基本文本标记</title>
</head>
<body>
    <h1>阿甘正传</h1>
    <p>一根羽毛飘荡荡，吹过民居和马路，最后落到阿甘的脚下，优雅却平淡无奇，随意而又有必
然性。</p>
    <figure>
        <figcaption>阿甘正传</figcaption>
        <img src="img/timg.jpg" alt="阿甘正传" width="400px"/>
    </figure>
    <p>电影改编自美国作家<strong>温斯顿·格卢姆</strong>于 1986 年出版的同名小说
<cite>《阿甘正传》</cite>。</p>
    <p>描绘了<strong>先天智障</strong>的小镇男孩<em>福瑞斯特·甘</em>自强不息，最终
"傻人有傻福"地得到上天眷顾，在多个领域创造奇迹的励志故事。</p>
    <blockquote>Life was a box of chocolates,you never know what you're gonna
get.-----<cite>阿甘的母亲</cite></blockquote>
    <p>生活就像一盒巧克力，你永远不知道下一块会是什么味道。</p>
    <blockquote>Miracles happen every day. 奇迹每天都在发生。</blockquote>
    <blockquote>
一个人真正需要的财富就那么一点点，其余的都是用来炫耀的，正应了中国的古话：
```

```
<q>纵有广厦千间，夜眠三尺之地。</q>
  </blockquote>
<p>《阿甘正传》是由罗伯特·泽米吉斯执导的电影，由汤姆·汉克斯、罗宾·怀特等人主演，于
<time>1994-7-6</time>在美国上映。</p>
  <p><time>2014-9-5</time>，在该片上映 20 周年之际，《阿甘正传》<dfn><abbr title="Image
Maximum">IMAX</abbr></dfn>版本开始在全美上映。</p>
  </body>
  </html>
```

在 Chrome 浏览器中的运行效果如图 4-13 所示。

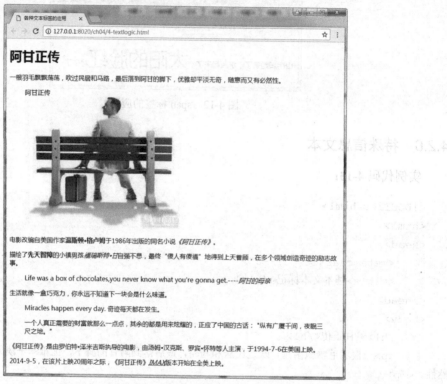

图 4-13　特殊信息文本

在该实例中用到了以下标签，有些标签仅仅表示语义而没有特殊样式。

1. 指定细则 small

small 元素表示细则一类的旁注，通常包括免责声明、注意事项、法律限制、版权信息等，有时候还可以用来表示署名或者满足许可要求。用法如下：

```
<small>注意事项：……</small>
```

说明：

（1）small 是短语元素，前后不会换行。它通常是行内文本中的一个小块，而不是包含多个段落或其他元素的大块文本。

（2）在一些浏览器中，small 元素中文本的字号会比普通文本的小。不过一定要在符合内容语义的情况下使用该元素，而不是仅仅为了减小字号而使用。同样，后面讲到的一些标记也会有一些特殊的样式显示，一定要在符合内容语义的情况下使用它们，而不是仅仅为了样式而

使用。

（3）用 small 元素标记页面的版权信息只适用于短语，不要用它标记长的法律声明，如"使用条款"，这些内容应该用段落和其他需要的语义进行标记。用法如下：

```
<p><small>Copyright © 2015- 2018 WURUAN </small></p>
```

2．创建图

网页中，图文是相伴出现的。这里的图可以是图表、图形、照片或者代码等。在 HTML5 之前，没有专门实现这个目的的元素，通过引入 figure 和 figcaption 元素改变了这种情况。如下面的例子：

```
<figure>
    <figcaption>阿甘正传</figcaption>
    <img src="img/timg.jpg" alt="阿甘正传" />
</figure>
```

说明：

（1）figure 元素标记是一个媒体的自合元素，通常被作为插图、图标、照片和代码列表的自合。它是一个块级元素，所标记内容会自动进行左、右缩排。

（2）如果要为 figure 元素建立的标记组合指定标题，可以使用 figcaption 元素。figure 元素可以包含多个内容块，如多个图片，但不管 figure 里有多少内容，只允许有一个 figcaption。figcaption 并不是必需的，但如果出现，就必须是 figure 的第一个或最后一个元素。

3．指明引用或参考

使用 cite 元素可以指明对某内容源的引用或参考。例如，图书的标题，电影、歌曲或雕塑的名称，规范、报纸或法律文件等。举例如下：

```
<cite>《阿甘正传》</cite>
```

说明：

（1）cite 是短语元素，前后不会换行。

（2）在一般浏览器中，cite 元素标记的内容默认以斜体文字显示。

（3）cite 有一个可选的属性 lang，它表明 cite 所标记内容的语言。

（4）对于要从引用来源中引述内容的情况，使用下面介绍的 blockquote 或 q 元素标记引述的文本。cite 只用于参考源本身，而不是从中引述的内容。

4．引述文本

HTML 提供了以下两个特殊的元素来标记引述的文本。

➢ blockquote 元素：用来标记单独存在的引述文本，它默认显示在新的一行。

➢ q 元素：用于短的引述，如句子里的引述。

例如：

```
<blockquote>
一个人真正需要的财富就那么一点点，其余的都是用来炫耀的，正应了中国的古话：<q>纵有广厦千间，夜眠三尺之地。</q>
</blockquote>
```

说明：

（1）blockquote 所标记的内容可长可短。它可以包含单纯的字符串，也可以包含 img 元素。blockquote 是一个块级元素，所标记内容会自动进行左、右缩排。q 是一个短语元素，一般用于行内短语的引述。

（2）blockquote 和 q 元素可以包含 cite 属性提供引述文本的来源，不过浏览器不会显示 cite 属性中的内容。

（3）q 元素有一个可选的属性 lang，它可以标明引述文本的语言。

（4）浏览器会自动在 q 元素标记的内容周围加上特定语言的引号。不过，不同浏览器的处理会有差异。

5. 指定时间

可以使用 time 元素标记时间、日期或时间段。例如：

```
会议时间<time>10:30</time><time>2017-5-20</time>
```

说明：

（1）time 是一个短语元素，前后不换行。

（2）time 元素有一个可选的属性 datetime，用来规定日期或时间，它是为机器准备的，不会出现在屏幕上。该属性要遵循特定的格式，其简化形式为 YYYY-MM-DDThh:mm:ss。YYYY 代表年，MM 代表月，DD 代表日，T 是时期和时间之间必需的分隔符，hh 代表时，mm 代表分，ss 代表秒。如 2017-06-01T09:30:25，表示当地时间 2017 年 6 月 1 日上午 9 点 30 分 25 秒。如果要表示世界时间，可以在末端加上字母 Z，如 2017-06-01T09:30:25Z。

（3）如果 time 不包含 datetime 属性，则 time 标记的文本必须是合法的日期或时间格式；如果包含了 datetime，则它可以任何形式出现。

（4）datetime 属性不会单独产生任何效果，但它可以用于在 Web 应用（如日历）之间同步日期和时间。

6. 解释缩写词

缩写词很常见，如 HTML、WWW 等。可以使用 abbr 元素标记缩写词并解释其含义。例如：

```
<abbr title="Hyper Text Markup Language">HTML</abbr>
```

说明：

（1）abbr 是一个短语元素，前后不会换行。

（2）使用可选的 title 属性提供缩写词的全称，也可以将缩写词的全称放在缩写词后面的括号里。在支持 abbr 标记的浏览器中，当访问者将鼠标放在 abbr 所标记的内容上时，title 属性值就会显示在一个提示框中。

（3）不必对页面中的每一个缩写词都使用 abbr，只有在需要帮助访问者了解该词含义的时候才使用。

7. 定义术语

dfn 元素标记用来定义文档中第一次出现的术语，并不需要用它标记术语的后续使用。

使用 dfn 包围要定义的术语，而不是包围定义。例如：

```
<dfn>HTML</dfn>:超文本标记语言</p>
```

说明：

（1）dfn 是一个短语元素，前后不会换行。

（2）在一般浏览器中，dfn 元素标记的默认效果是斜体显示。

（3）dfn 可以在适当的情况下包住其他的短语元素，如 abbr。例如：

```
</p>
《阿甘正传》<dfn><abbr title="Image Maximum">IMAX</abbr></dfn>版本开始在全美上映。
</p>
```

（4）dfn 有一个可选的 title 属性，其值应与 dfn 术语一致。如果只在 dfn 里嵌套一个单独的 abbr，dfn 本身没有文本，那么可选的 title 属性只能出现在 abbr 里。

（5）dfn 还可以在定义列表里使用，后面会介绍到。

8. 计算机相关元素

1）代码标记 code

code 元素标记定义计算机代码文本，用于表示计算机源代码或者其他机器可以阅读的文本内容。例如：

```
<code>&lt;p&gt;段落文字&lt;/p&gt;</code>
```

说明：

（1）code 是短语元素，前后不会换行。

（2）在一般浏览器中，code 元素标记将标记内容以等宽字体显示。

（3）如果 code 所标记的内容中包含 "<" 或者 ">"，则应分别使用 "<" 和 ">"。

2）kbd 元素

kbd 元素标记用来定义键盘文本，它表示文本是从键盘上输入的。它经常用在与计算机相关的文档或手册中。和 code 一样，标记内容以等宽字体显示。例如：

```
返回请按<kbd>Esc</kbd>键
```

3）samp 元素

samp 元素标记用来指示程序或系统的示例输出。其标记内容也默认以等宽字体显示。例如：

```
当输入完所有信息将会得到提示：<samp>注册成功！</samp>
```

4）var 元素

var 元素标记用来标示文件中的变量或占位符的值。其标记内容默认以斜体显示。例如：

```
<var>y</var>= 2<var>x</var>
```

9. 作者联系信息

address 元素用来定义页面有关的作者、相关人士或组织的联系信息，如 E-mail、电话及住址等，通常位于页面的底部或相关部分内。例如：

```
<address>Email:whvcse@163.com</address>
```

说明：

（1）address 是一个块级元素，大多数浏览器会在 address 元素的前后添加一个换行符，自动进行换行。

（2）address 元素的标记内容默认以斜体显示。

（3）如果要为一个 article 提供作者联系信息，则将 address 放在 article 元素内；如果要提供整个页面的作者联系信息，则将 address 放在 body 中或放在页面级的 footer 里。

10．突出显示文本

mark 元素标记带有记号的文本，类似荧光笔的效果。例如：

```
<mark>标记内容</mark>
```

说明：

（1）mark 是短语元素，前后不会换行。

（2）支持 mark 的浏览器将对标记的文字内容默认加上黄色背景，以高亮显示，突出需要重点显示的文字内容。但旧的浏览器不会，可以通过 CSS 样式实现。

（3）mark 元素与 em 或 strong 元素具有不同的含义。mark 标记一般用于下列情况：搜索结果关键词、引述文字、需要引起注意的代码等。

4.3　网页文字列表设计

文字列表让设计者能够对相关的元素进行分组，并由此给它们添加意义和结构，使浏览者能够更加快捷地获取相关的信息。HTML 中的文字列表类似于文字编辑器 Word 中的项目符号和自动列表。

大多数网站都包含某种形式的列表，如新闻列表、活动列表、链接列表等。HTML 中的列表共有三种：无序列表、有序列表、描述列表。

4.3.1　建立无序列表

无序列表相当于 Word 中的项目符号，无序列表的各项目排列没有顺序，只以符号作为项目标识。无序列表使用一对<ul></ul>标记，其中每一个列表项使用<li></li>，其基本语法结构如下：

```
<ul>
    <li>列表项一 </li>
    <li>列表项二 </li>
    …
</ul>
```

说明：

（1）<ul>和<li>有一个 type 属性，该属性可以有三个取值：disc 实心圆、circle 空心圆和 square 小方块。<ul>如果不使用其属性<li>，则默认情况下的<ul>会加 disc 实心圆。

（2）列表可以嵌套，在列表项中可以再包含一个列表。

实例代码 4-14：

```
<!DOCTYPE html>
<html>
    <head>
        <meta charset="UTF-8">
```

```
            <title></title>
    </head>
    <body>
        <h1>网站建设流程</h1>
        <ul>
            <li>项目需求</li>
            <li>系统分析
                <ul>
                    <li type="circle">网站的定位</li>
                    <li type="circle">内容收集</li>
                    <li type="circle">栏目规划</li>
                    <li type="circle">网站内容设计</li>
                </ul>
            </li>
            <li>网页草图
                <ul type="square">
                    <li>制作网页草图</li>
                    <li>将草图转换为网页</li>
                </ul>
            </li>
            <li>站点建设</li>
            <li>网页布局</li>
            <li>网站测试</li>
            <li>站点的发布与站点管理</li>
        </ul>
    </body>
</html>
```

在 Chrome 浏览器中的运行效果如图 4-14 所示。

图 4-14 无序列表

4.3.2 建立有序列表

有序列表类似于 Word 中的自动编号功能。有序列表的使用方法和无序列表类似，将<ul>标记换成<ol>标记即可。

```
<ol>
    <li>列表项一 </li>
    <li>列表项二 </li>
    ...
</ol>
```

说明：

（1）如果插入和删除一个列表项，编号会自动调整。

（2）顺序编号的样式是由<ol>的属性 type 决定的，默认情况下为数字编号。type=用于编号的数字、字母等的类型，如 type=a，则编号用英文字母。为了使用这些属性，把它们放在<ol>或<li>的初始标签中。有序列表的属性如表 4-3 所示。

表 4-3　ol 的属性

type 类型	描　　述
type=1	表示列表项目用数字标号（1,2,3...）
type=A	表示列表项目用大写字母标号（A,B,C...）
type=a	表示列表项目用小写字母标号（a,b,c...）
type=I	表示列表项目用大写罗马数字标号（Ⅰ,Ⅱ,Ⅲ...）
type=i	表示列表项目用小写罗马数字标号（i,ii,iii...）

（3）项目编号的起点由<ol>的 start 属性来指定，默认情况下从 1 开始。start=编号开始的数字，如 start=2 则编号从 2 开始。

（4）也可以在<li>标签中设定 value＝"n"改变列表行项目的特定编号，如<li value="7">。

（5）有序列表可以嵌套。列表项<li>中可以嵌套其他列表。

实例代码 4-15：

```
<!DOCTYPE html>
<html>
    <head>
        <meta charset="UTF-8">
        <title></title>
    </head>
    <body>
        <h3>我喜欢的食物</h3>
        <ol type="A">
            <li>蔬菜
                <ul type="circle">
                    <li>大白菜</li>
                    <li>西红柿</li>
                    <li>汉菜</li>
```

```
                    <li>生菜</li>
                </ul>
            </li>
            <li>水果
                <ol type="I" start="3" >
                    <li> 苹果</li>
                    <li>猕猴桃</li>
                    <li>梨子</li>
                    <li>香蕉</li>
                </ol>
            </li>
            <li>海鲜
                <ol>
                    <li>鱿鱼</li>
                    <li>生蚝</li>
                </ol>
            </li>
        </ol>
    </body>
</html>
```

在 Chrome 浏览器中的运行效果如图 4-15 所示。

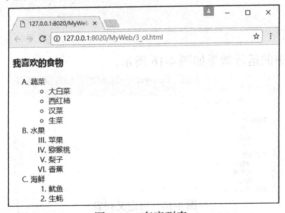

图 4-15 有序列表

4.3.3 建立自定义列表

在 HTML5 中可以自定义列表。自定义列表不仅仅是一列项目，还是项目及其注释的组合。自定义列表使用<dl>标记。一个 dl 元素标记一个列表，在一个 dl 中，包含一个或多个一一对应的 dt 标记和 dd 标记，dt 标记需要解释的名词，对应的 dd 标记具体解释的内容。其基本语法格式为：

```
<dl>
    <dt>名词一    </dt>  <dd>解释一   </dd>
    <dt>名词二    </dt>  <dd>解释二   </dd>
```

```
     ...
</dl>
```

在下面的代码中建立了一个自定义列表。

实例代码 4-16：

```
<!DOCTYPE html>
<html>
    <head>
        <meta charset="UTF-8">
        <title></title>
    </head>
    <body>
        <dl>
            <dt>中国城市</dt>
            <dd>北京</dd>
            <dd>上海</dd>
            <dd>广州</dd>
            <dt>美国城市</dt>
            <dd>华盛顿</dd>
            <dd>芝加哥</dd>
            <dd>纽约</dd>
        </dl>
    </body>
</html>
```

在 Chrome 浏览器中的运行效果如图 4-16 所示。

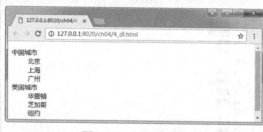

图 4-16　自定义列表

本章小结

本章通过实例讲解了网页中文本的插入和文本的斜体、粗体等特殊样式的知识，介绍文档排版的段落标记和标题标记，以及使用标记创建无序列表、有序列表、自定义列表。

练习与实训

1. 编写代码，显示一个有序列表，使用大写字母作为序号，在列表中显示 Spring、Summer、Fall 和 Winter。

2. 编写代码，进行一番自我介绍，包括兴趣爱好、联系方式等内容。

第 5 章 | 美化网页——使用 CSS3 技术

本章导读

将网页内容（HTML）、外观显示（CSS）和行为事件（JavaScript）分离，是当今流行的网页设计理念。HTML5 规范推荐把页面外观交给 CSS 处理，采用 CSS 技术来对页面的布局、字体、颜色、背景和其他效果实现精确的控制，而 HTML 标记只负责语义解释部分。CSS 技术受到网页设计师青睐的另一个原因是 CSS 技术可以十分方便地对网页进行整体更新、管理与维护。本章主要介绍层叠样式表文件的使用语法规则、定义方式、在网页中的引用方法，CSS 构造样式的规则以及样式选择器的类型。

5.1 CSS3 概述

CSS（Cascading Style Sheet，层叠样式表）是指定 HTML 文档视觉表现的标准（即对网页进行美化、修饰，使网页更加美观、生动、吸引用户），它允许设计者精确地指定网页文档元素的字体、颜色、外边距、缩进、边框、定位、布局等。采用 CSS 技术，可以有效地对页面的布局、字体、颜色、背景和其他效果实现更加精确的控制。在网页维护和管理方面，只要对相应的代码做一些简单的修改，就可以改变同一页面的不同部分，或者页数不同的网页的外观和格式。

CSS3 是 CSS 技术的升级版，CSS3 对于 CSS2 有很多的修改和补充，CSS3 语言开发是朝着模块化发展的。以前的规范作为一个模块有些过于庞大而且比较复杂，所以，把它分解为一些小的模块，更多新的模块也被加入进来。这些模块包括盒子模型、列表模块、超链接方式、语言模块、背景和边框、文字特效、多栏布局等。

5.2 CSS3 基本选择器

CSS 样式表中的每条规则都有两个主要部分：选择器和声明块。选择器决定哪些元素受到影响，声明块由一个或多个属性/值组成，它们指定应该做什么，如图 5-1 所示。

声明块内的每条声明都是一个由冒号隔开、以分号结尾的属性/值。声明块以前花括号开始，以后花括号结束。

每一条声明的顺序并不重要，除非对相同的属性定义了两次。

样式声明需要注意：

（1）声明块中的每一条属性及其值的先后顺序不重要。

（2）属性及其值之间需要用冒号隔开，以分号结尾。

（3）推荐编写时严格遵循这种格式。

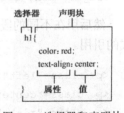

图 5-1　选择器和声明块

在样式表的定义和使用过程中，选择器是一个十分重要的概念，需要弄清楚，因为选择器决定样式规则应用于哪些元素。例如，如果要对页面中所有的<p>标记元素添加 Times 字体、16px 高的格式，就需要创建一个只识别<p>元素而不影响代码中其他元素的选择器；如果要对每个区域中的第一个<p>元素设置特殊的样式，就需要创建一个稍微复杂一些的选择器，它只识别页面中每个区域的第一个<p>元素。如果需要对页面中几个指定的标记设置特殊样式，而其他同名标记无须设置样式，我们的选择器又该如何定义？从这些问题中可以发现，定义样式前需要弄清楚选择器的种类、定义及使用方法。CSS3 中选择器的种类主要有以下三种：标记类选择器、类选择器、ID 选择器。

5.2.1　标记选择器

标记类选择器，从名称上就可以看出，该选择器使用我们在前面章节中已经学习过的各种HTML5 标记，如 p、br、h1、h2、font、body，等等。这是最简单、最基本的一类选择器，定义样式时直接使用标记名做选择器即可。例如，要让所有的 p 行间距为 1.5 倍，首行缩进 2 字符，所有的 h2 字号为 14 像素、加粗，按标记名称的方式选择元素设置样式如下：

```
p{ line-height:1.5em;  text-indent:2em; }
h2{ font-size:14px;  font-weight: bold;  }
```

说明：这里的 p、h2 称为选择器，它们本身就是 HTML5 标记中的一个标记，所以称为标记类选择器。

5.2.2　类选择器

在很多时候，设计者并不想将页面中的某个元素全部设置为同一样式，只想为其中的一个或者几个添加样式，例如，在所有段落中只需要将某一段或某几段文字颜色设置为红色，而其余段落皆为默认的黑色。这时就可以使用 class 去标识这些元素，这样样式就只会对被标识的元素进行格式化，而没有使用 class 标识的段落则不变。

按 class 选择要格式化的元素，选择器写为.classname，哪个元素要使用这个样式，就在该元素的属性中加上 class="classname"。例如，为下面三个段落分别定义三个对齐样式：

```
.left{ text-align: left;  }
.center{ text-align: center; }
.right{ text-align: right; }
```

然后用在不同的段落里，只要在 HTML 标记里加入定义的 class 参数，即可实现对对应样式的引用。

```
<p class="left"> 这个段落是左对齐</p>
<p class="center">这个段落是居中对齐</p>
<p class="right"> 这个段落是右对齐</p>
```

说明：类选择器的名称由我们自己命名，并且只需要在名称前面加上"."（点号）即可。定义好类选择器类型样式后可以多次引用，并且可以实现多个不同标记同时引用，这一优点使得类选择器类型样式表被广泛使用。

1）通配符类选择器

如果碰到需要定义一个通配的类样式表，则可以定义为通配选择器类型，语法如下（其实就是在点号 . 前面添加了一个通配符 *，这样可以通配网页中的任何标记，任何标记都可以引用，当然这里去掉通配符 * 也可以正常使用）：

```
*.important{ color: red; font-weight: bold;  }
```

2）类选择器同标记选择器结合

类选择器还可以同标记选择器结合起来使用。例如，我们希望只有段落显示为红色文本，而标题标记部分不显示红色：

```
p.important { color:red; }
```

选择器现在会去匹配包含 class=“important”属性的所有 p 标记元素，但是其他任何类型的元素都不匹配，不论是否有此 class 属性。选择器 p.important 解释为：其 class 属性值为 important 的所有段落 p。因为 h1 元素不是段落标记，这个规则的选择器与之不匹配，因此 h1 元素不会变成红色文本。

如果确实希望为 h1 元素指定不同的样式，也可以使用选择器：

```
h1.important{ color:blue;}
```

3）CSS 多类选择器

在前面几种应用中，我们处理了 class 值中包含一个词（一次只引用一个样式）的情况。在 HTML5 中，其实一个 class 值中可以同时引用几个样式，这时类选择器名之间用空格分隔。例如，如果希望将一个特定的元素同时标记为重要（important）和警告（warning），就可以进行如下引用：

```
<p class="important  warning">
一个比较重要且带有警告性的新闻标题
</p>
```

class="important　warning" 中这两个选择器的顺序无关紧要，写成“warning　important”也可以。我们假设 class 为 important 的所有元素都是粗体，而 class 为 warning 的所有元素都是斜体，class 中同时包含 important 和 warning 的所有元素还有一个黄色的背景，则可以将样式表定义为：

```
.important {font-weight:bold;  }
.warning {font-style:italic;  }
.important .warning {background: yellow;  }
```

5.2.3　ID 选择器

在 HTML 页面中 ID 参数指定了某个单一元素，ID 选择器用来对这个单一元素定义单独的样式。ID 选择器的应用和类选择器类似，只要把 class 换成 id 即可。定义 ID 选择器时要在 ID 选择器名称前加上一个“#”，这里的选择器依然由编写者自己命名。

其定义语法如下：

```
#textRed {color:red;  }
```

引用该样式的语法：

```
<p  id="textRed" >  测试引用 ID 选择器样式表         </p>
```

说明：在某些方面，ID 选择器类似于类选择器，它们的定义语法和使用方法也比较类似（一个使用点号 . ，一个使用井号 # ；一个使用 class="选择器名"，一个使用 id="选择器名"）。不过，它们之间也存在一些区别：

　　（1）可以为任意多个元素指定类样式表，多个标记元素可以共享引用一个类样式表。

　　（2）与类样式不同，在一个 HTML5 文档中，ID 选择器会使用一次，而且仅一次。

　　（3）不同于类选择器，ID 选择器不能结合使用，因为 ID 属性不允许有以空格分隔的选择器名称列表。

5.3　在 HTML5 中使用 CSS3 的方法

在前面的内容中我们已经介绍了 CSS3 样式表的定义语法和引用方法，以及标记选择器、类选择器、ID 选择器三种类型样式表，在此节我们将介绍样式表的使用方法。样式表的使用即将一个样式表文件应用到 HTML5 页面以控制或改变页面外观，在 HTML5 中定义及使用CSS3 的方法主要包括以下几种。

5.3.1　行内样式

行内样式是样式表中最为直接的一种，它直接对 HTML 的标记使用 style 属性，然后将CSS 代码直接写在其中。即将样式同 HTML5 标记写在一行，简称行内样式。实例代码如下：

```
<html>
<head>
<title> 页面标题  </title>
</head>
  <body>      <p style="color:red; font-weight:bold;">行内样式使用测试</p>
  </body>
  </html>
```

说明：行内样式是最为简单的 CSS 使用方法，且 style 属性中样式的语法完全遵循 CSS的定义语法，但由于需要为每一个标记设置 style 属性，因此网站后期维护起来并不方便，而且网页代码文件容易过大，故不推荐使用。

5.3.2　嵌入样式

嵌入样式也称内嵌样式，就是将 CSS 样式规则编写在 HTML 代码中的<head>与</head>标记之间，并且用<style>和</style>标记进行声明。实例代码如下：

```
<html>
  <head>
```

```
<title>页面标题</title>
<style type="text/css">
p{color:blue;
font-weight:bold;
font-size:16px;
}
</style>
</head>
<body>
<p> 内嵌样式表的使用方法</p>
</body>
</html>
```

说明：对一个页面来说使用嵌入样式比较方便，容易实现，但如果是一个网站，且拥有很多的页面，对于不同页面上的<p>标记都希望采用同样的风格，这种方法就显得有点麻烦，维护起来也比较费事。因此内嵌样式仅适合于对特殊的页面设置单独的样式风格时使用。

5.3.3　链接样式

链接样式是在实际应用中使用频率最高、也是最为实用的方法，实际的网站开发中均使用该方法。它将 HTML5 页面文档与 CSS3 样式文件分离为两个或者多个独立文件，实现了页面框架 HTML5 代码与美工 CSS3 代码的完全分离，使得网页前期制作和后期维护都十分方便，网站后台的技术人员与美工设计也可以很好地分工合作。而且对于同一个 CSS3 样式文件可以链接到多个 HTML5 页面文件中，甚至可以链接到整个网站的所有页面中，使得网站整体风格统一，并且后期维护的工作量也大大减少。这种方法需要重点掌握和应用，先看下面的示例。

（1）HTML 文件代码如下：

```
<html>
<head>
<title>页面标题</title>
<link  href="first.css"  type="text/css"  rel="stylesheet"  />
</head>
<body>
<h2>链接样式表方法测试 </h2>
<p>欢迎大家光临！</p>
</body>
</html>
```

（2）新建一个 CSS 样式文件，文件名为 "first.css"，文件中定义的样式代码如下：

```
h2{
    color:red;
    }
p{
  color:blue;
  font-weight:bold;
  font-size:20px;
}
```

说明：在 HTML 页面文档中链接样式文件时，该样式文件要先存在。一般样式文件由网站美工负责编写并保存，供设计人员链接引用。链接外部样式的语法是：

<link href="first.css" type="text/css" rel="stylesheet" />

其中，href="样式文件名"，样式文件名的扩展名为.css，rel="stylesheet" 用于说明所链接的文件的类型为样式表文件。样式文件可以直接在 Dreamweaver 中创建，也可以在记事本中创建后保存为.css 格式。

注意： 在外部文件中编写样式代码时，不要添加<style>…</style>标签对，否则无法引用。

在一个页面中可以同时链接引用多个外部样式文件，这时只需用多行<link />标记即可。

5.3.4 导入样式

导入样式表的使用方法和原理与链接样式相似，主要是利用@import 指令，将外部样式文件导入到 HTML 页面中。导入样式的语法示例如下所示。

（1）HTML 文件代码如下：

```html
<html>
<head>
<title>页面标题</title>
  <style>
     @import url("second.css")
  </style>
</head>
<body>
<h2>导入样式表方法测试 </h2>
<p>欢迎大家光临！</p>
</body>
</html>
```

（2）新建一个 CSS 样式文件，文件名为"second.css"，文件中定义的样式代码如下：

```css
h2{
     color:green;
   }
p{
  color:blue;
  font-weight:bold;
  font-size:20px;
}
```

说明：@import url("second.css")语句告诉浏览器需要从外部获取名为 second.css 的样式表文件。@import 命令非常灵活，利用它可以从其他样式表中提取并创建自己的样式表。但是要保证任何外部样式表中都没有<style>…</style>标签，否则将不能正常工作。在一个页面中可以同时导入多个外部样式文件，这时只需用多行@import url(" ")标记即可实现。

5.3.5 样式的优先级

所谓 CSS 的优先级，是指 CSS 样式在浏览器中被解析的先后顺序。既然样式有优先级，那么就会有一个规则来约定这个优先级，样式优先级的基本规则如下。

（1）层叠优先级顺序：

外部样式表 < 内嵌样式表 < 行内样式表

（2）同一样式文件中同种类型样式优先级按以下原则：

① 样式表的元素选择器指定越精确，则其中的样式优先级越高。

id 选择器指定的样式 > 类选择器指定的样式 > 元素类型选择器指定的样式

```
#navigator {
    height: 100%;
    width: 200;
    position: absolute;
    left: 0;
    border: solid 2 red;
  }
.current_block {
          border: solid 2 black;
       }
```

例如，以上两个样式来自同一个样式文件，则#navigator 的样式优先级大于.current_block 的优先级。

② 对于相同类型选择器指定的样式，在样式表文件中，越靠后的优先级越高。

例如，在一个样式文件中有以下两个样式：

```
.class1 {
     color: black;
   }
 .class2 {
     color: red;
   }
```

这里.class2 的优先级高于.class1，原因是.class2 样式比较靠后。

注意：这里是指在样式表文件中定义的样式越靠后优先级越高，而不是在引用样式元素 class 里出现的顺序。如引用时即使写成<p class="class2   class1" >，依然是.class2 的优先级高于.class1，段落文字显示红色而不是黑色。

③ 如果要让某个样式的优先级变高，可以使用!important 来指定。

例如，要使.class1 的优先级高于.class2，可以在.class1 的样式定义中加入!important，代码如下：

```
.class1 {
       color: black !important;
   }
.class2 {
    color: red;
  }
```

5.4　CSS3 复合选择器

　　CSS3 复合选择器是指由两个或多个基本选择器通过不同方式进行组合而成的选择器，主要包括交集选择器、并集选择器、后代选择器、子选择器、相邻选择器、属性选择器、伪选择器和伪对象选择器，等等。本节将通过案例来对这些复合选择器一一进行讲解。

5.4.1　交集选择器

　　"交集"复合选择器由两个选择器直接连接构成，其结果是选中二者各自元素范围的交集。其中第一个必须是标记选择器，第二个必须是类别选择器或者 ID 选择器。这两个选择器之间不能有空格，必须连续书写。

　　注意：其中第一个必须是标记选择器，如 p.class1，但有时会看到.class1.class2，即两个都是类选择器，在其他浏览器中是允许出现这种情况的，但 IE 6 不兼容。交集选择器应用举例，代码如下：

```
<style >
    h1,h2,h3,p{          <!--并集选择器 -->
    font-size:12px;
    color:green;
    }
    h2.special{          <! --交集选择器 -->
 color:blue;
    font-size: 30px;
    }
</style>
<body>
    <h1>示例文字 000</h1>
<h2 class="special">示例文字 001</h2>
<p  class="special">示例文字 002</p>
<h3  id="one">示例文字 003</h3>
<h4>示例文字 004</h4>
</body>
```

　　说明：在上例中选择器 "h2.special" 就是交集选择器，这里 h2 标记部分的文字将显示为：蓝色，30 像素。要注意交集选择器的语法格式。

5.4.2　并集选择器

　　"并集"选择器是指同时选中各个基本选择器所选择的范围，任何形式的选择器都可以。并集选择器是多个选择器间通过逗号连接而成的，并集选择器的语法格式是：

```
选择器 1,选择器 2,...{
    属性:值;  }
```

　　注意：各并列的选择器之间使用逗号分隔，并列的选择器可以是标签名称，也可以是 id、

class 名称。并集选择器应用举例，代码如下：

```
    <style>
        h1,h2,.p1{    <!--并集选择器 -->
            color:red;
        }
    </style>
</head>
<body>
<h1 >我是标题</h1>
<h2  class="ht">我是小标题</h1>
<p  class="p1">我是段落</p>
<p>我是段落</p>
```

5.4.3 后代选择器

后代选择器（descendant selector）又称为包含选择器。后代选择器可以选择作为某元素后代的元素，其功能极其强大。

我们可以通过定义后代选择器来创建一些规则，使这些规则在某些文档结构中起作用，而在另外一些结构中不起作用。这里根据祖先元素和后代元素之间的分隔符的不同，后代选择器可以有以下三种写法，在作用效果上也有所区别。

1. 按祖先元素选择要求格式化的元素

例如，要将类名为 about 的 article 中的所有段落均设置为红色字体，article.about 即为祖先元素，希望格式化的元素 p（后代元素），中间用空格隔开，实例代码如下：

```
<style>
 article.abou  p{color:red;}
</style>
<article class="about">
   <p>段落 1 </p>
</article>
<p>段落 2</p>
```

说明：这里祖先元素与后代元素构成的选择器之间用空格隔开，即"祖先元素 后代元素{ }"。

2. 按父元素选择要求格式化的元素

选择器写为：父元素>希望格式化的子元素

选择器中父子元素之间用符号">"来表示直接的后继，即子元素。这种写法与按祖先元素选择方式不同的是，按父元素选择元素仅选择其子元素，而不会包括子元素、子子元素等（即只会选择儿子辈，不会到孙子辈）。

例如，article 中有 4 个段落，其中前两段是 article 的子元素，后两段放置在 section 中，是 article 的孙子元素。如果只想设置前两段为红色、有下画线，则可以使用按父元素选择子元素的方式，实例代码如下：

```
<style>
 article >p{ text-decoration:underline; color:red;}
```

```
</style>
<body>
<article>
<p>段落 1 </p>
<p>段落 2 </p>
<section>
<p>段落 3 </p>
<p>段落 4 </p>
    </section>
 </article>
</body>
```

3. 按隔代关系选择要求格式化的元素

选择器写为：祖先元素 * 子子元素

选择器中的星号"*"表示隔代关系。子子元素表示孙子辈的元素，这样可以跳过子元素。

如下所示实例代码：

```
<style>
 article * p{ text-decoration:underline; color:red;}
</style>
<body>
<article>
<p>段落 1 </p>
<p>段落 2 </p>
<section>
<p>段落 3 </p>
<p>段落 4 </p>
    </section>
 </article>
</body>
```

代码中的样式只会作用于段落 3、段落 4，因为这两个段落的标记<p>是<article>标记的子子标记（孙子标记）。注意，选择器中"*"前后均有空格。

后代选择器的功能极其强大，有了它，可以使 HTML5 中不可能实现的任务成为可能。

假设有一个文档，其中有一个边栏，还有一个主区。边栏的背景为蓝色，主区的背景为白色，这两个区都包含链接列表。不能把所有的链接都设置为蓝色，因为这样一来边栏中的蓝色链接将无法看到。解决的方法是使用后代选择器。在这种情况下，可以为包含边栏的 div 指定值为 sidebar 的 class 属性，并把主区的 class 属性值设置为 maincontent。然后编写以下样式：

```
div.sidebar {background:blue;}
div.maincontent {background:white;}
div.sidebar a:link {color:white;}
div.maincontent a:link {color:blue;}
```

5.4.4　子选择器

与后代选择器相比，子元素选择器（child selector）只能选择作为某元素子元素的元素。其实，子选择器是后代选择器中的一种，我们在上面后代选择器中的第二种情况中已介绍过。

　　如果不希望选择任意的后代元素，而是希望缩小范围，只选择某个元素的子元素，此时选择使用子选择器比较容易。注意：父元素后用"＞"符号表示直接后继子元素，"＞"符号两边可以有空格符，这是可选的。

　　子选择器写为：父元素>子元素

　　例如，如果希望选择只作为 h1 元素子元素的 strong 元素，可以这样写：

```
<style>
h1 > strong {text-decoration:underline;color:red;}
</style>
<h1>This is
<strong>very</strong>
<strong>very</strong>
important.
</h1>
```

　　如果从左向右读，选择器 h1 ＞ strong 可以解释为"选择 h1 元素的 strong 子元素"。

5.4.5　相邻选择器

　　如果需要选择紧接在另一个元素后的元素，而且二者有相同的父元素，可以使用相邻兄弟选择器（adjacent sibling selector）。

　　例如，如果要增加紧接在 h1 元素后出现的段落的上边距，且字体以红色显示，可以这样写：

```
h1 + p {margin-top:50px; color:red;}
```

　　这个选择器读作："选择紧接在 h1 元素后出现的段落，h1 和 p 元素拥有共同的父元素。"

```
<head>
<style type="text/css">
h1 + p {margin-top:50px; color:red;}
</style>
</head>
<body>
<h1>This is a heading.</h1>
<p>段落 1</p>
<p>段落 2</p>
</body>
```

　　相邻兄弟选择器使用了加号（+），即相邻兄弟结合符（adjacent sibling combinator）。与子结合符一样，相邻兄弟结合符旁边可以有空格符。

5.4.6　伪类选择器

　　伪类选择器基于的是当前元素处于的状态，或者说元素当前所具有的特性，而不是元素的 id、class、属性等静态的标志。由于状态是动态变化的，所以一个元素达到一个特定状态时，它可能得到一个伪类的样式；当状态改变时，它又会失去这个样式。由此可以看出，它的功能和 class 有些类似，但它是基于文档之外的抽象，所以叫伪类。

伪类选择器，CSS 中已经定义好的选择器，不能随便取名，而是在选择器名称前面加上冒号":"构成。

使用伪类选择器的语法格式是：选择器：伪元素名

页面设计中最常见的伪类选择器应用是设置超链接元素不同状态下的样式。链接的状态包括访问者是否将鼠标停留在链接上、链接是否被访问过，等等，可以通过一系列伪类实现这一特性。创建一个超链接，无法在代码中指定链接显示为什么状态，这是由访问者控制的。伪类可以获取链接的状态，并改变链接在该状态下的显示效果。

超链接有以下 5 种状态：

➤ a link——设置从未被激活或指向，当前也没有被激活或指向的链接的外观；

➤ a visited——设置访问者已激活过的链接的外观；

➤ a focus——通过键盘选择并已准备好激活状态的链接的外观；

➤ a hover——设置正被指向的链接的外观；

➤ a active——设置激活时链接的外观。

说明：在 CSS3 定义中，a:hover 必须被置于 a:link 和 a:visited 之后，才是有效的；a:active 必须被置于 a:hover 之后，才是有效的；伪类名称对大小写不敏感；不是设置每个超链接的外观时都必须同时写上这 5 种状态，但是这些状态的书写必须按照以上的顺序进行。

5.4.7 伪对象选择器

伪对象可以理解为本身并不是网页中一个可以单独存在的（全新的）对象，而是将已有的某些对象划分出来一些，所以是"伪"对象，如一个单词的首字符（:first-letter），一个容器 div 中的第一行文字（:first-line），等等，这些都可以看成伪对象。要对伪对象定义样式，就需要使用伪对象选择器。CSS 中常用的伪对象选择器有：

➤ :first-letter——用于给文本对象中的第一个字添加样式；

➤ :first-line——用于向某个元素中的第一行文字使用样式；

➤ :before——用于向某个元素之前添加一些内容；

➤ :after——用于向某个元素之后添加一些内容；

➤ :first-child——单独指定当前元素的第一个子元素的样式；

➤ :last-child——单独指定当前元素的最后一个子元素的样式；

➤ :nth-child——指定当前元素的第 n 个子元素的样式，如 :nth-child(3)指定顺数第三个子元素的样式；

➤ :nth-last-child——指定当前元素的倒数第 n 个子元素的样式，如 :nth-last-child(3)指定当前元素的倒数第三个元素的样式。

伪对象选择器应用举例：有一个容器 div 中有一段文本，希望给文本对象中的第一个字添加样式。实例代码如下：

```
<head>
<style>
#demo1{width:300px;border:1px solid #000;background-color:eeff66;    }
#demo1:first-letter{font-size:40px;font-weight:bold; float:left; }
</style>
</head>
```

```
<body>
<div id="demo1">
伪对象可以理解为本身并不是网页中一个可以单独存在的（全新的）对象，而是将已有的某些对象划分
出来一些，所以是"伪"对象，
</div>
</body>
```

在浏览器中测试的效果如图 5-2 所示。

示例中的选择器"#demo1:first-letter"就是伪对象选择器，获取 div 对象中的伪对象——"第一个字"，并为它设置样式。

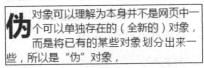

在这里我们再通过一个例子来演示一下 :before 和:after 伪选择器的使用方法。

图 5-2　伪对象选择器应用举例

:before 伪选择器用于在当前被选元素的内容前面插入内容，:after 伪选择器用于在当前被选元素的内容后面插入内容。注意，:before 和 :after 必须和 content 结合使用，即使没有内容插入也要写 content=''。实例代码如下：

```
<head>
<style>
#demo:before{
        content: '武汉软件';
}
#demo:after{
        content: '欢迎您！';
}
</head>
<body>
<div id="demo">
    工程职业学院
</div>
</body>
```

注意：CSS3 将伪对象选择符（pseudo-element selectors）前面的单个冒号（:）修改为双冒号（::），用以区别伪类选择符（pseudo-class selectors），但以前的写法仍然有效。也就是在 CSS3 中我们现在习惯使用::first-letter、::before 这种写法。

5.5　CSS3 常用效果与技巧

CSS3 与 HTML5 是当今 Web 前台设计中的主流技术，现在主流的浏览器基本上都已经开始支持它们。CSS3 常用的特效与技巧比较多，很多都是传统 CSS 和 HTML 无法实现的，如 div 边框圆角、图形化边界、阴影效果、字体定制、2D 与 3D 效果，等等。在下面的内容中我们主要介绍如何采用 CSS3 来实现阴影效果与 3D 效果。

5.5.1 阴影效果

CSS3 实现阴影效果可以分为文本阴影、图片阴影效果、块阴影效果。在 CSS3 中使用 text-shadow 属性给文本添加阴影效果，使用 box-shadow 属性给元素块添加周边阴影效果。随着 HTML5 和 CSS3 技术的流行，阴影特效这一特殊效果的使用越来越普遍。

1. 文本阴影 text-shadow 属性

在 CSS3 中，text-shadow 属性可给文本添加阴影效果。要实现向标题添加阴影的文本特效，具体样式代码如下：

```
<style>
h1{ text-shadow:5px 5px 5px #FF0000;        }
</style>
```

如图 5-3 所示为阴影特效。

CSS3 实现文本阴影效果比较容易，语法格式也比较简单，在第 6 章文本样式属性中还将继续介绍。

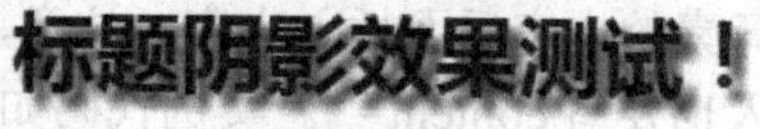

标题阴影效果测试！

图 5-3 向标题添加阴影的文本特效

2. 元素块周边阴影效果

在 CSS3 中，使用 box-shadow 属性给元素块添加周边阴影效果，如今这种效果设计在网页设计中已经得到广泛应用。box-shadow 属性的语法格式是：

box-shadow:[inset] x-offset y-offset blur-radius spread-radius color

box-shadow:[投影方式] X 轴偏移量 Y 轴偏移量 阴影模糊半径 阴影扩展半径 阴影颜色

box-shadow 属性中各参数取值及功能如下。

➤ 阴影类型（也称投影方式）：此参数可选。如不设置，默认投影方式是外阴影；如取其唯一值"inset"，则投影为内阴影。

➤ x-offset：阴影水平轴偏移量，其值可以是正值或负值。如果值为正数，则阴影在对象的右边；若值为负数，则阴影在对象的左边。

➤ y-offset：阴影垂直轴偏移量，其值也可以是正值或负值。如果值为正数，阴影在对象的底部；若值为负数，则阴影在对象的顶部。

➤ 阴影模糊半径：此参数可选，但其值只能是正值。如果值为 0，表示阴影不具有模糊效果，其值越大阴影的边缘越模糊。

➤ 阴影扩展半径：此参数可选，其值可以是正值或负值。如果值为正，则整个阴影都延展扩大；如果值为负值，则缩小。

➤ 阴影颜色：此参数可选，如不设定颜色，浏览器会取默认颜色，但各浏览器默认取色不一致。特别是在 Webkit 内核下的 Safari 和 Chrome 浏览器中表现为透明色，在 Firefox 和 Opera 中表现为黑色，一般建议不要省略此参数。

注意：为了兼容各主流浏览器并支持这些主流浏览器的较低版本，在基于 Webkit 的 Chrome 和 Safari 等浏览器上使用 box-shadow 属性时，需要将属性的名称写成 -webkit-box-shadow 的形式，Firefox 浏览器则需要写成-moz-box-shadow 的形式。

下面通过案例来演示如何实现元素块添加周边阴影效果，实例代码如下：

```
<style>
.obj{
```

```
    width:150px;
    height:150px;
    margin:50px auto;
 background:#ddd;
 text-align:center;
 }
 .box-shadow1{
   -webkit-box-shadow:0 0 20px 10px #0CC; /*为了实现对浏览器的兼容性添加-webkit-*/
   -moz-box-shadow:0 0 20px 10px  #0CC;
   box-shadow:0 0 20px  10px #0CC;
 }
 .box-shadow2{
    box-shadow:-10px 0 10px red,          /*左边阴影*/
    10px 0 10px yellow,                   /*右边阴影*/
    0 -10px 10px blue,                    /*顶部阴影*/
    0 10px 10px green;                    /*底边阴影*/
 }
</style>
<body>
<div class="obj  box-shadow1" > 阴影效果 </div>
<div class="obj  box-shadow2" > 彩色阴影效果 </div>
   </body>
```

html 代码中添加了两个 div 盒子（块元素），通过样
式属性 box-shadow 给它们添加阴影效果，经浏览器测试
效果如图 5-4 所示。

说明：box-shadow1 是 x、y 没有偏移，阴影大小为
20px，扩展半径为 10px，颜色为#0CC。

box-shadow2 使用了多个阴影，多个阴影之间用逗号
分隔。给对象四边设置阴影效果，是通过改变 x-offset 和

图 5-4 给两个 div 盒子添加阴影效果

y-offset 的正负值来实现的，其中，x-offset 为负值时生成左边阴影，为正值时生成右边阴影，
y-offset 为正值时生成底部阴影，为负值时生成顶部阴影。另外，把模糊半径设置为 0，如果
不设置为 0 则其他三边也会有阴影。

5.5.2 2D 与 3D 效果

通过 CSS3 中的 2D 转换与 3D 转换样式功能，我们能够实现对网页元素的移动、缩放、
旋转、拉长或拉伸效果，以增强网页的特殊效果和美观。2D 或 3D 转换的实质是使元素改变
形状、尺寸和位置的一种效果。

在 CSS3 中，使用 transform 属性来实现改变元素的形状、尺寸和位置。在 2D 转换中
transform 属性的语法格式是：transform: 转换方法（参数），即 transform 属性调用一个转换方
法来实现对元素的位置、形状、大小的改变。在 2D 转换中常用的转换方法有以下几种。

1. translate()方法

通过 translate()方法，元素从其当前位置移动，根据是给定的 left（x 坐标）和 top（y 坐
标）位置参数：translate(x,y)。如 translate(50px,100px)，表示将当前块元素向右移动 50 像素，

同时向下移动 100 像素。

2. rotate()方法

通过 rotate() 方法，元素顺时针旋转给定的角度。允许为负值，当为负值时元素逆时针旋转。该方法应用举例，实例代码如下：

```
<style>
div
{
width:100px;
height:75px;
background-color:yellow;
border:1px solid black;
}
div#div2
{
-moz-transform:rotate(30deg);
-webkit-transform:rotate(30deg);
}
</style>
</head>
<body>
<div>这是一个 div 元素。</div>
<div id="div2">这是旋转后的 div 元素。</div>
</body>
</html>
```

说明，案例中通过 transform 属性调用 rotate()方法，实现元素的旋转效果，这里调用的语法格式是：-moz-transform:rotate(30deg)，rotate(30deg) 指把元素顺时针旋转 30°。此外，案例中放置了两个 div 元素，主要起到旋转对比的作用，也可以直接使用一个 div 元素。以上案例在浏览器中的测试效果如图 5-5 所示。

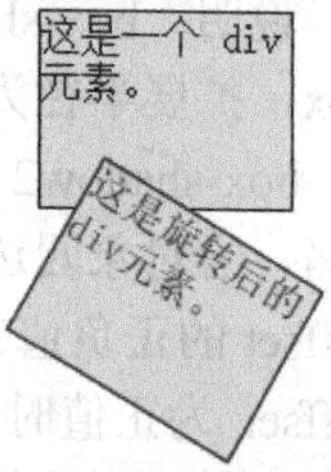

图 5-5　元素旋转效果

3.scale()方法

通过 scale()方法，元素的尺寸会增加或减少，根据给定的宽度（X 轴）和高度（Y 轴）参数来放大或缩小，如值 scale(2,4)指把宽度转换为原始宽度的 2 倍，把高度转换为原始高度的 4 倍。此方法的使用比较简单，在此不举例演示。

4.skew()

通过 skew()方法，元素翻转给定的角度，根据是给定的水平线（X 轴）和垂直线（Y 轴）参数。如 skew(30deg,20deg)，指围绕 X 轴把元素翻转 30°，围绕 Y 轴翻转 20°。该方法应用举例，实例代码如下：

```
<style>
#div2
{ width:100px;
height:75px;
background-color:yellow;
border:1px solid black;
```

```
-moz-transform:skew(30deg,20deg);        /*Firefox Opera*/
-webkit-transform:skew(30deg,20deg);     /*Safari and Chrome*/
}
</style>
</head>
<body>
<div id="div2">这是旋转后的 div 元素。</div>
</body>
</html>
```

上述案例在浏览器中的测试效果如图 5-6 所示。

图 5-6　旋转后 div 元素

5. matrix()

matrix()方法把所有的 2D 转换方法组合在一起。matrix()方法需要 6 个参数，包含数学函数，允许旋转、缩放、移动以及倾斜元素。通过改变 6 个参数来实现上述放大、缩小、旋转、翻转、移动功能，是综合了以上各方法的参数。

该方法应用举例，实例代码如下：

```
<style>
div
{
width:100px;
height:75px;
background-color:yellow;
border:1px solid black;
}
div#div2
{
-moz-transform:matrix(0.866,0.5,-0.5,0.866,30,20);   /* Firefox  Opera */
-webkit-transform:matrix(0.866,0.5,-0.5,0.866,30,20);  /* Safari and Chrome */
}
</style>
</head>
<body>
<div>这是一个 div 元素。</div>
<div id="div2">这是变换后的 div 元素。</div>
</body>
```

上述案例在浏览器中的测试效果如图 5-7 所示。

说明：在上述案例中通过 2D 转换中的 transform 属性调用 matrix()方法，一次性实现了 div 块元素的旋转、缩放、移动转换。其中，matrix()括号中参数的意义是：第 1、2 参数（0.866,0.5）表示旋转角度，第 3、4 参数（-0.5,0.866）表示缩放，第 5、6 参数（30,20）表示移动位置。

以上主要介绍了 CSS3 中的 2D 转换特效，CSS3 中的 3D 转换

图 5-7　变换后的 div 元素

允许我们使用 3D 转换来对元素进行格式化特效设置。CSS3 中的 3D 转换同 2D 转换的语法类似，主要是通过调用相关方法来实现转换功能，当然 2D 转换与 3D 转换之间也有不同之处。3D 转换的常用方法有以下几种。

6. rotateX()方法

通过 rotateX() 方法，块元素围绕其 X 轴以给定的度数进行旋转。该方法的应用举例，实例代码如下：

```
<style>
div
{
width:100px;
  height:75px;
  background-color:yellow;
  border:1px solid black;
}
div#div2
  {
    -webkit-transform:rotateX(120deg);  /* Safari and Chrome */
    -moz-transform:rotateX(120deg);    /* Firefox */
  }
</style>
</head>
<body>
<div>这是一个 div 元素。</div>
<div id="div2">这是旋转后的div 元素。</div>
</body>
```

7. rotateY()方法

通过 rotateY()方法，块元素围绕其 Y 轴以给定的度数进行旋转。该方法的应用举例，实例代码如下：

```
<style>
div
  {
    width:100px;
    height:75px;
    background-color:yellow;
    border:1px solid black;
  }
div#div2
{
  -webkit-transform:rotateY(130deg);    /* Safari and Chrome */
  -moz-transform:rotateY(130deg);     /* Firefox */
}
</style>
</head>
<body>
```

```
<div>这是一个 div 元素。</div>
<div id="div2">这是旋转后的 div 元素。</div>
</body>
```

　　说明：Internet Explorer 10 和 Firefox 支持 3D 转换；Chrome 和 Safari 需要前缀-webkit-；Opera 只支持 2D 转换，不支持 3D 转换。

　　在 CSS3 中 2D 和 3D 转换除了调用以上常用的方法外，还有一些属性可以实现转换特效，这些属性如表 5-1 所示。

表 5-1　2D 和 3D 转换的一些属性

属　　性	描　　述	属性语法格式
transform	向元素应用 2D 或 3D 转换	transform:rotate(7deg);
transform-origin	允许改变被转换元素的位置	-moz-transform-origin:20% 40%;
transform-style	规定被嵌套元素如何在 3D 空间中显示	transform-style: preserve-3d;
perspective	规定 3D 元素的透视效果	-webkit-perspective: 500;
perspective-origin	规定 3D 元素的底部位置	perspective-origin: 10% 10%;
backface-visibility	定义元素在不面对屏幕时是否可见	-moz-backface-visibility:hidden;

本章小结

　　本章详细介绍了 CSS3 的基本概念、定义和使用语法，介绍层叠样式表文件的使用语法规则、定义方式、在网页中的引用方法，CSS 构造样式的规则以及样式选择器的类型。对当今流行的 CSS 2D 和 3D 转换技术进行了探讨，最后通过两个案例分别演示了 CSS 修饰美化表单的方法和设计效果。

　　通过 CSS 样式表的学习，可以进一步加深对网页设计中样式的重要性认识，为后续开发设计较高水平的网页打下基础。

练习与实训

　　1. 结合案例自己设计一个简单的表单，然后定义样式去修饰和美化表单，最后查看显示的检测结果。

　　2. 结合前面已学过的列表标记和样式表并参照案例，自己动手设计一个网站导航条或侧边栏导航栏。

第 6 章 | 文本格式的高级设置

文本或文字是网页的基本构成要素之一，网页不可能离开文本，因此网页中文本的字体、字号、字形、颜色、风格等各个方面样式的设置对网页美化来说也十分重要，有时还需要对网页的文本标题进行阴影、移动、变换等特效设计，这样使得网页更加生动、美观，容易吸引读者。本章将详细介绍网页中的文本样式表，文本的各种样式属性和文本特效设计。

6.1 文本样式

为网页中的文本设置各种样式是比较常见且最基本的样式设置。文本样式主要包括文本的颜色、字体、字号、粗体、斜体、文本修饰、背景色、阴影等。在 CSS3 中包含多个新的文本样式特性，在此主要介绍字体样式属性和文本样式属性。

6.1.1 字体

在 CSS3 之前的版本中，网页设计者必须使用已在用户计算机上安装好的字体库。在 CSS3 中，我们可以使用我们喜欢的任意字体。当你找到或购买到希望使用的字体时，可将该字体文件存放到 Web 服务器上，它会在需要时被自动下载到用户的计算机上。我们"自己的"字体是在 CSS3 @font-face 规则中定义的。

@font-face 样式选择器的语法格式是：

```
@font-face{
    font-family :<yourWebFontName>;
    src:<source> [<format>][,<source>[format]]*;
    [font-weight:<weight>];
    [font-style:<style>];
}
```

参数 yourWebFontName 指自定义的字体名称，最好是使用下载的默认字体，它将被引用到 Web 元素中的 font-family。

source 指自定义的字体的存放路径，可以是相对路径也可以是绝对路径。

format 指自定义的字体的格式，主要用来帮助浏览器识别，其值主要有以下几种类型：truetype、opentype、truetype-aat、embedded-opentype、avg 等。

weight 定义字体是否为粗体。

style 定义字体样式，如斜体。

目前几款主流的浏览器 Firefox、Chrome、Safari 以及 Opera 均支持 .ttf（True Type Fonts）

和 .otf（OpenType Fonts）类型的字体。在新的 @font-face 规则中，必须首先定义字体的名称（如 myFirstFont），然后指向该字体文件。

例如，需为 HTML 元素使用字体，通过 font-family 属性来引用字体的名称（myFirstFont）：

```
<style>
@font-face{
        font-family: myFirstFont;        /* 自定义的字体名称 */
        src: url('Sansation_Light.ttf'),
        url('Sansation_Light.eot');
        }
  div {
font-family:myFirstFont;
}
</style>
```

6.1.2　字号

在 HTML5 网页中，表示字号大小也就是字号的常用单位有以下几种。

1. 以 px 像素为单位

在 Web 页面初期制作中，我们都是使用"px"来设置文本的字号大小，因为它比较稳定和精确，简单易用。但是 px 像素这种字号单位存在一些问题，如当用户在浏览器中浏览此页面时，它改变了浏览器的字号大小，这时可能会使设计好的 Web 页面布局被打乱。这样对于那些关心自己网站可用性的用户来说，就是一个问题了。

```
p { font-size:20px; }
```

2. 以 em 为单位

在 CSS3 中控制网页文本字号的单位还有"em"，它是相对于其父元素来设置字号大小的。

在使用"em"作为单位时，一定要知道其父元素的设置，因为"em"就是一个相对值，而且是一个相对于父元素的值。例如，如下的字号样式中，在 HTML 中 P 段落部分文字的字号实际大小为 1.5*20px=30px：

```
body{ font-size:20px; }
p{ font-size:1.5em; }
```

以 em 为单位设置字号同样比较容易，也可以进行任何元素设置，但它需要知道父元素的大小，当在网页中多次使用时，也会带来无法预知的错误风险。

3. 以 rem 为单位

在 CSS3 中引入了一个新的字号单位 rem，在 W3C 官网上是这样描述 rem 的——"font size of the root element"，也就是说 rem 也是一个相对大小的字号单位。但是 rem 是相对于根元素 <html> 的这就意味着，我们只需要在根元素确定一个参考值。在根元素中设置多大的字体，这完全可以根据自己的需要而定。rem 单位可以克服 em 单位多次使用而带来的未知错误。

```
html { font-size:20px; }
```

```
body { font-size: 1.4rem;  }
h1 { font-size: 2.4rem;  }
```

如在上面的样式中，h1 部分的字号实际大小为 20px*2.4=48px。

推荐大家在网页样式中字号的单位使用 rem，目前常见的主流浏览器均支持 rem 单位。

6.1.3　字体风格

在 CSS3 中修饰文本字体风格的样式属性主要采用 font-style，这与 CSS2 中基本一致。此属性修饰文本字体风格时使文本显示为偏斜体或斜体等表示强调，该属性常用的值有"斜体"或"倾斜"。

font-style 属性的语法格式：font-style:inherit|italic|normal|oblique

参数值说明：

inherit——从父标记那里继承字体风格，保持同父标记相同的风格。

italic——字体风格为斜体。

normal——字体正常。

oblique——字体风格为偏斜体。

```
h1 { font-style: italic;  }
```

6.1.4　加粗字体

在 CSS 中修饰文本加粗字体的样式属性主要采用 font-weight，font-weight 属性的语法格式为 font-weight:100-900|bold|bolder|lighter|normal。

参数值说明：

bold——字体加粗（相当于数值 700）。

bolder——特粗体。

lighter——细体。

normal——正常体（相当于数值 400）。

注意：取值范围为数字 100～900，浏览器默认的字体粗细为 400。另外，可以通过参数 lighter 和 bolder 使得字体在原有基础上显得更细或更粗些。

```
p{ font-weight:blod; }
```

6.1.5　小写字母转为大写字母

在 CSS3 中使用 text-transform 属性来设置文本中英文字母的大小写转换。text-transform 属性的常用值有以下几种：

none——无转换。默认属性值。

capitalize——将每个单词的第一个字母转换成大写。

uppercase——将每个单词转换成大写。

lowercase——将每个单词转换成小写。

full-width——将所有字符转换成 fullwidth 形式。如果字符没有相应的 fullwidth 形式，则保留原样。这个值通常用于排版拉丁字符和数字等表意符号。

text-transform 属性的语法格式是 text-transform: none | capitalize | uppercase。例如，需将段落标记 P 中的英文单词转换为大写字母，CSS3 样式表规则如下：

```
<style>
p {
    text-transform:uppercase;
  }
</style>
```

6.1.6　字体复合属性

CSS3 中提供一种文本字体复合属性 font，使用此属性可以一次性设置文本的字体、风格、加粗、字号、行距、字体等属性。font 属性可以在一个样式声明中设置所有字体属性，通过此属性可以简化文本样式表的编写。

font 属性后对应的属性取值可以按如下顺序设置：

font-style　font-variant　font-weight　（font-size |line-height）　font-family

可以不设置其中的某个值，如 font:100% verdana 也是允许的，未设置的属性会使用其默认值。

```
p{
  font:italic bold 20px "Times New Roman";
}
```

以上样式案例的效果为：将段落 p 标记部分的文字设置为斜体、加粗、20 像素、Times New Roman 字体的复合属性。通过案例我们可以发现，在设置文本样式时如果使用字体复合属性 font，可以简化样式表的编写，使问题简单化。但需要注意，font 属性后面的多个属性值之间要使用空格分隔，如果某个属性值没有设置，会使用其默认值。

6.1.7　字体颜色

在 CSS 中采用 color 样式属性来修饰控制文本的颜色，通过设置各种文本颜色增强网页的美观性和设计效果。color 样式属性简单易用，但是网页中颜色值的表示方式多样，在使用 color 属性前，我们先来认识一下网页中颜色值的表示方式。

（1）网页中常用颜色的地方：字体颜色、超链接颜色、网页背景颜色、边框颜色。

（2）颜色规范与颜色规定：网页使用 RGB 模式颜色。

网页中颜色的运用是网页必不可少的一个方面，使用颜色的目的在于有区别、有动感（特别是在超链接中运用）、美观，同时颜色也是各种各样网页的样式表现元素之一。

（3）RGB 颜色值的构成：RGB 颜色也称三基色（红、绿、蓝三原色），RGB（R-red, G-green, B-blue）指世界上任何一种颜色的"颜色空间"都可定义成一个固定的数字或变量。每一种颜色都可以由三种基本的颜色值组合而成。RGB 颜色值的格式有以下几种。

① #rrggbb：这种表示法采用十六进制表示颜色值，以"#"开头，后面跟 6 位十六进制数，前两位表示红色，中间两位表示绿色，最后两位表示蓝色，通过改变三种颜色的占比值来实现不同的颜色（如 #00cc00）。注意，这种十六进制颜色表示法是当前网页设计中使用最

多的表示方法，推荐使用这种方法。

② RGB(x, x, x)：这种表示法以"RGB"开始，后面括号中跟三个整数值，其中 x 是一个 0～255 之间的整数，如 RGB(10,204,100)。通过改变三个数的不同值来实现不同的颜色。

③ RGB(y%, y%, y%)：这种表示法以"RGB"开始，后面括号中跟三个百分比数值，其中 y 是一个介于 1～100 之间的数值，如 RGB（0%, 80%, 0%）。三个百分比数值表示三种基本颜色的占比。

对网页中颜色的表示有所了解后，我们就可以通过样式来修饰、控制网页中文字的外观颜色了。

```
<style>
# div1{
color: #66ff00;          /* 自定义的字体名称 */
}
#div2 {
color:rgb(20,204,100);
}
#div3 {
color:rgb(20%,10%,95%);
}
</style>
```

以上样式表中主要演示 RGB 三种颜色表示方法的使用。

6.1.8 溢出文本

在 CSS3 中使用 text-overflow 属性来设置是否使用一个省略标记（...）标示对象内文本的溢出。text-overflow 属性的语法格式是 text-overflow: clip|ellipsis，其中 clip 属性值表示对溢出部分的文件进行剪切，ellipsis 属性值表示溢出部分的文字显示省略标记（…）。

但是 text-overflow 只是用来说明文字溢出时用什么方式显示，要实现溢出时产生省略号的效果，还须定义强制文本在一行内显示（white-space:nowrap）以及溢出内容为隐藏（overflow:hidden），只有这样才能实现溢出文本显示省略号的效果。实例代码如下：

```
<style>
#div4{width:300px; border:1px solid #000;background-color:#eeff66;
text-overflow:ellipsis;       /*文本溢出并显示为省略标记 */
overflow:hidden;          /*隐藏溢出部分 */
white-space:nowrap;
}
</style>
<body>
<div id="div4">
这里是测试文字溢出样式，这里是测试文字溢出样式，这里是测试文字溢出样式，这里是测试文字溢出样式</div>
</body>
```

在浏览器中测试网页后的效果如图 6-1 所示。

这里是测试文字溢出样式，这里是测试文...

图 6-1 测试文字溢出样式

6.1.9 控制换行

在使用 CSS3 样式解决文字溢出问题时，经常需要结合使用 word-wrap 属性，此属性也可以用来设置文本的换行行为，即当前行超过指定容器的边界时是否断开换行。word-wrap 属性的语法格式是 word-wrap: normal|break-word。

其中 normal 值为浏览器默认值（当超出容器边界时，文字自动换行），break-word 设置在长单词或 URL 地址内部进行换行，此属性不常用，用浏览器默认值即可。实例代码如下：

```
<style>
#div4{width:300px; border:1px solid #000;background-color:#eeff66;
text-overflow:ellipsis;          /*文本溢出并显示为省略标记 */
overflow:hidden;                 /*隐藏溢出部分 */
word-wrap:break-word;
}
</style>
<body>
<div  id="div4">
这里是测试文字溢出样式，这里是测试文字溢出样式，这里是测试文字溢出样式，这里是测试文字溢出
样式http://www.css88.com/book/css/properties/text/overflow-wrap.htm</div>
</body>
```

这里是测试文字溢出样式，这里是测试文
字溢出样式，这里是测试文字溢出样式，
这里是测试文字溢出样式，
http://www.css88.com/book/css/prope
rties/text/overflow-wrap.htm

图 6-2 溢出文字控制换行

在浏览器中测试网页后的效果如图 6-2 所示，溢出部分文字自动换行，对于长单词或 URL 地址内部进行单词强制换行。

6.2 文本样式

6.2.1 单词间隔

在 CSS 中用于控制容器或模块内部数字、英文单词之间间距的是属性 word-spacing，该属性增加或减少单间的空白（即字间隔）。该属性定义元素中字之间插入多少空白符。针对这个属性，"字"定义为由空白符包围的一个字符串。如果指定为长度值，会调整字之间的通常间隔，所以 normal 就等同于设置为 0。允许指定负长度值，这会让字之间挤得更紧。例如，如下样式代码，规定段落中的字间距是 20 像素：

```
p{
word-spacing:20px;
}
```

所有浏览器都支持 word-spacing 属性。任何版本的 Internet （Explorer 包括 IE 8）都不支持属性值"inherit"。

说明：CSS 把"字（word）"定义为任何非空白符字符组成的串，并由某种空白字符包围。这个定义没有实际的语义，它只是假设一个文档包含由一个或多个空白字符包围的字。支持 CSS 的用户代理不一定能确定一个给定语言中哪些是合法的字，而哪些不是。尽管这个定义没有多大价值，但是它意味着采用象形文字的语言或非罗马书写体往往无法指定字间隔。提示，利用这个属性，可能会创建字间隔太宽的文档，所以使用 word-spacing 时要小心。

6.2.2　字符间隔

在 CSS3 中使用 letter-spacing 属性来控制汉字中字与字之间、英文中字母之间的距离。letter-spacing 属性的语法格式是 letter-spacing: normal|（间距值）。

例如，如下样式代码，规定段落中字与字之间的间距是 20 像素：

```
<style>
.p1{letter-spacing:normal; }
.p2{ letter-spacing:20px; }
.p3{ letter-spacing:14px; }
</style>
<body>
<p class="p1">I am a good student</p>
    <p class="p2">测试改变汉字间距样式</p>
    <p class="p3">Test the space of english!</p>
</body>
```

在浏览器中测试网页后的效果如图 6-3 所示，第一行文字间距保持默认间距，第二行汉字间距及第三行英语字符间距均发生变化。

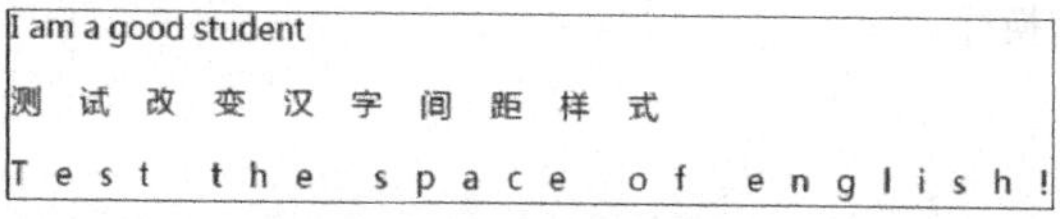

图 6-3　调节字符间隔效果

6.2.3　文字修饰

文本修饰符 text-decoration 属性允许对文本设置某种效果，如加下画线、上画线、闪烁文字等。如果后代元素没有自己的装饰，祖先元素上设置的装饰会"延伸"到后代元素中。text-decoration 属性的语法格式如下：

```
text-decoration:none|overline|underline|line-through|blink|inherit
```

text-decoration 属性值参数说明：

none——无装饰。

blink——闪烁。

underline——下画线。

line-through——贯穿线。

overline——上画线。

其中，属性值 inherit 规定应该从父元素继承 text-decoration 属性的值。如果后代元素没有自己的装饰，祖先元素上设置的装饰会"延伸"到后代元素中。不要求用户代理支持 blink，部分浏览器不支持此属性值。

文本修饰符属性 text-decoration 的使用比较简单，在此不举例演示。

6.2.4 垂直对齐方式

CSS 中的 vertical-align 样式属性用于设置网页元素（文字、图片、表格等）的垂直对齐方式。该属性定义行内元素的基线相对于该元素所在行的基线的垂直对齐。允许指定负长度值和百分比值，这会使元素降低而不是升高。在表格的单元格中，这个属性会设置单元格框中内容的对齐方式。vertical-align 属性的可能取值比较多，其属性值及各取值的描述如表 6-1 所示。如下样式代码实现图片和文本垂直方向上的对齐方式：

```
<style type="text/css">
img.top {vertical-align:text-top;}
img.bottom {vertical-align:text-bottom;}
</style>
<body>
<p>
这是一幅<img class="top" border="0" src="01.gif" />位于段落中的图像。
</p>
<p>
这是一幅<img class="bottom" border="0" src="02.gif" />位于段落中的图像。
</p>
</body>
```

表 6-1 vertical-align 样式的属性值及其描述

属 性 值	描 述
baseline	默认值。元素放置在父元素的基线上
sub	垂直对齐文本的下标
super	垂直对齐文本的上标
top	把元素的顶端与行中最高元素的顶端对齐
text-top	把元素的顶端与父元素字体的顶端对齐
middle	把此元素放置在父元素的中部
bottom	把元素的底端与行中最低元素的底端对齐
text-bottom	把元素的底端与父元素字体的底端对齐
%	使用"line-height"属性的百分比值来排列此元素。允许使用负值
inherit	规定应该从父元素继承 vertical-align 属性的值

说明：vertical-align 属性的常用值有 top、middle、bottom，其他的不是很常用。

6.2.5 水平对齐方式

CSS 中的 text-align 属性用于控制页面中的文字内容、图片的对齐方式，该属性主要设置水平方向上的对齐方式，如居中、居左、居右对齐。

text-align 属性的语法格式如下：

```
text-align:left|right|center|justify
```

text-align 属性值参数说明：

left——左对齐。

right——右对齐。

center——居中。

justify——两端对齐（不推荐使用，通常大部分浏览器都不支持此属性值）。

例如，如下样式代码，分别用于控制单个 div 容器内的文字和图片的水平对齐方式。

```
#div1{ text-align:left;   }
#div2{ text-align:right;  }
#div3{ text-align:center; }
```

6.2.6 文本缩进

在 CSS3 中使用 text-indent 属性可以进行段首缩进设置，这种效果类似于 Word 文档排版中的段首缩进功能。text-indent 属性的语法格式为 text-indent:20px，表示段首间隔 20 像素距离，这里也可以使用 2em。它只对段落首部有效。

通常 text-indent 缩进属性将对段落首行开头文本文字进行缩进显示。如果使用
换行标签，第二个换行开始不会出现缩进效果；如果使用<p>段落标签换行，则会出现每个<p>段落换行开头都缩进。下面通过案例演示，实例代码如下：

```
<style>
#div6{ text-indent:25px; }
</style>
<body>
<div id="div6">
<p>第一段段首开始缩进效果<br/>
使用 br 标记换行后将不会缩进
</p>
<p>第二段使用 p 标签段落首行也会缩进<br/>
第二行使用了 br 不会缩进<br/>
第三行提行使用了 br 也不会缩进</p>
</div>
</body>
```

在浏览器中测试网页后的效果如图 6-4 所示，<p>段落标签开始部分文字会缩进，使用
标记部分不会缩进。

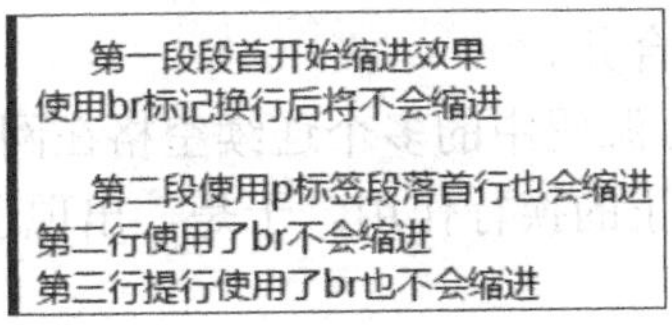

```
第一段段首开始缩进效果
使用br标记换行后将不会缩进

第二段使用p标签段落首行也会缩进
第二行使用了br不会缩进
第三行提行使用了br也不会缩进
```

图 6-4　文本缩进效果

6.2.7　文本行高

CSS 中常使用 line-height 设置内容、文字、图片之间的行高、上下居中样式效果。Line-height 行高属性运用于文字排版，实现上下排文字间隔距离设置，以及单排文字在一定高度情况上下垂直居中布局。

Line-height 行高属性的语法格式为 line-height:+数字+单位，在 CSS3 中一般采用像素 px 为单位，建议大家使用 px，当然也可以使用 em 为单位。

说明：行高属性 line-height 的值还可以是百分比数字，或者是由浮点数字和单位标识符组成的长度值，允许为负值。其百分比取值是基于字体的高度尺寸。

我们设置两个 div 对象盒子，一个是多排文字行高设置；另一个是高度固定的一排文字，实现文字中此高度固定上下垂直居中。两个案例都使用 line-height 实现，实例代码如下：

```
<style>
#div5{ line-height:20px; }        /* 行高 20px */
#div6{ line-height:25px; height:25px;}      /* 高度固定上下居中 */
</style>
<div id="div5">
我是第一排<br />
我是第二排<br />
我是第三排
</div>
<div id="div6">我的高度为25px,实现上下居中</div>
```

在以上案例中大家可以将行高 line-height 的值修改然后测试观察效果，以体会 line-height 的作用。

line-height 行高上下居中属性样式，使用于多排文字如文章内容实现文字上下排间隔居中效果，以及单排高度固定的上下垂直居中。在实际设计中我们经常碰到文本内容与图片混合排版的问题，我们希望图片和文字内容上下居中在一排，但是文字会居图片下部，通常的解决方法是使用两个 div 盒子分别设置行高与高度。

在一排的文字或内容布局中，如果要让内容上下垂直居中，只需要设置 line-height 与 height 高度相同，高度、长度及 HTML 单位即可；如果是多排文章内容，通常会设置每行文字为一定的上下间隔，这时只需要设置 line-height 行高即可。

6.2.8　处理空白

HTML 中的"空白符"包括空格（space）、制表符（tab）、换行符（CR/LF）三种。在默认情况下，HTML 源码中的空白符均被显示为空格，并且连续的多个空白符会被视为一个，或者说，连续的多个空白符会被合并。

有些时候，我们希望 HTML 源码中的多个连续空格在网页浏览器中可以真实地呈现，或者需要源码中的换行符能起到真正的换行作用。于是，出现了<pre>标签，它可以真实还原内部文本的空白符的情况。

把一段表示计算机代码的文本放进<pre>标签中，它在浏览器中会表现出自身的空格缩进和换行效果，而不需要增加额外的样式和标签来控制它的缩进和换行。

随着 CSS 样式表的出现和发展，可以在 CSS 中通过 white-space 属性来设置文本中空白符的处理规则，这其中包括：是否合并空白符、是否保留换行符、是否允许自动换行。white-space 属性的语法格式为 white-space: normal|nowrap|pre|pre-wrap|pre-line。

normal：将空白符合并，忽略换行符，允许自动换行。

nowrap：将空白符合并，忽略换行符，不允许自动换行。

pre：保留空白符、换行符，不允许自动换行。

pre-wrap：不合并空白符，允许自动换行（在 pre 的基础上保留自动换行），推荐使用。

pre-line：合并空白符，保留换行符，允许自动换行。

如下的案例中在文本内容中有很多空白字符，现在需要通过 white-space 样式属性来处理这些空白符，样式部分实例代码如下：

```
<style>
#div8{width:400px;border:1px solid #000;
background-color:#eeff66;
white-space:pre-line;
    }
</style>
<body>
<div id="div8">They can stay 72-hours    within the    hubei         province after
they have    entered China   the wuhan International Airport.
</div>
</body>
```

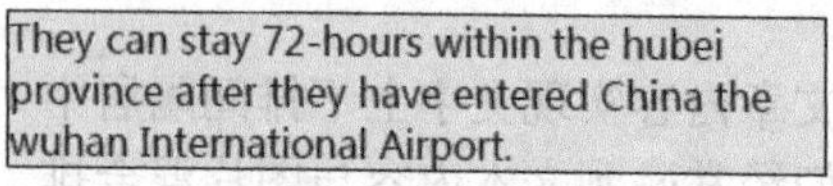

在浏览器中测试网页后的效果如图 6-5 所示，可以看到文本中的空白字符被合并了，保留了自动换行符。

说明：空白符处理样式属性（white-space）最常用的属性值是 nowrap，即不换行，而 CSS3 新增的两个属性 word-wrap 和 word-break 主要用于解决长文本换行的问题。

They can stay 72-hours within the hubei province after they have entered China the wuhan International Airport.

图 6-5　处理空白效果

6.2.9　文本反排

CSS 中常使用 unicode-bidi 属性来实现文字的反向排列（显示），此外，unicode-bidi 属性与 direction 属性一起使用，用来设置或返回文本是否被重写，以便在同一文档中支持多种语言。

unicode-bidi 属性的语法格式为 unicode-bidi: normal|embed|bidi-override|intitial|inherit。

说明：如果希望将文本反向排列，需要使用 bidi-override 属性值，normal 和 embed 均不实现对文本的反排重写功能。

```
<style>
#div1
{
 direction:rtl;
 unicode-bidi:bidi-override;
}
</style>
<body>
<div id="div1">测试文字反排效果！</div>
</body>
```

在浏览器中测试网页后的效果如图 6-6 所示，文字实现了反向排列。注意观察这里的反排并不是简单的反方向排列，文本的格式也实现了翻转。

！果效排反字文试测

图 6-6 文本反排效果

6.3 CSS3 设置文本样式

为网页中的文本设置各种样式是比较常见且最基本的样式设置。文本样式主要包括文本的颜色、字体、字号、粗体、斜体、文本修饰、背景色、阴影，等等。

在 CSS3 中包含多个新的文本样式特性。在本节中，我们主要介绍如下两个常用的文本属性：text-shadow 属性和 word-wrap 属性。Internet Explorer 10、Firefox、Chrome、Safari 以及 Opera 均支持 text-shadow 和 word-wrap 属性。

1. 文本阴影 text-shadow 属性

文本阴影效果！

图 6-7 文本阴影特效

在 CSS3 中，text-shadow 可向文本应用阴影，如图 6-7 所示为阴影特效。

要实现向标题添加阴影的文本特效，具体样式代码如下：

```
<style>
h1{ text-shadow:5px  5px  5px #FF0000;      }
</style>
```

2. 文本自动换行 word-wrap 属性

在 CSS3 中，word-wrap 属性允许对文本强制进行换行。有时在进行网页板块设计时会出现文本内容超出区域的情况，这时利用文本自动换行 word-wrap 属性可以很好地解决这个问题。当然有时候也意味着会对单词进行拆分，如单词太长的话允许对长单词进行拆分，并换行到下一行。允许对长单词进行拆分并换行到下一行，具体样式代码如下：

```
<style>
p{ word-wrap: break-word;  }
</style>
```

6.4 综合实例——用 CSS3 设计网站侧边导航栏

　　超链接是网页设计中最具特色的技巧，它的形式多种多样，变化非常多。结合本章所学知识，我们来制作一个文字、图片组合并且带有超链接的网页，同时利用本章知识为超链接添加各种文本样式，它在浏览器中的运行效果如图 6-8 所示。

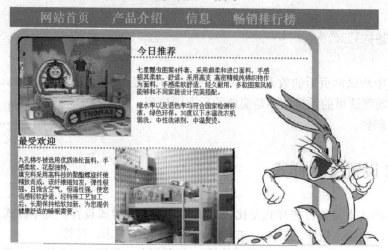

图 6-8　CSS3 设计网站侧边导航栏

　　这张页面可以划分为上、中、下三个部分，中间的内容区域又分为左、右两列，左列为主要内容，右列为竖直排列的导航菜单。其中，页头部分包含由列表实现的行内导航条，这是建立网站内部链接的常见形式；主体内容包含图片，这里都设置了图像链接；侧边栏是竖直排列的导航栏；页脚部分则创建了 E-mail 电子邮件链接。

　　（1）按照这个基本框架，首先搭建出网页的 HTML 结构。为了方便设置整个页面内容的 CSS 样式，使用 ID 为 container 的 div 将所有元素包裹起来，其代码如下：

```
<body>
<div id="apDiv1">
<div id="header"></div>
<div id="navigation">
<nav>
<ul>
<li><a href="#">网站首页</a></li>
<li><a href="#">产品介绍</a></li>
<li><a href="#">信息</a></li>
<li><a href="#">畅销排行榜</a></li>
</ul>
</nav>
</div>
<div id="apDiv4">
<img class="left" src="03.png" />
<h2 class="myh2">今日推荐</h2>
```

```
<p width="270" height="206">七星瓢虫图案 4 件套，采用超柔和进口面料，手感<br/>极其柔
软，舒适。采用高支
    高密精梳纯棉织物作<br/>为面料，手感柔软舒适，经久耐用，多款图案风格<br/>能够和不同家居设
计完美搭配。</p>
    <p>缩水率以及褪色率均符合国家检测标<br/>准，绿色环保。30 度以下水温洗衣机<br/>弱洗，中性
洗涤剂，中温熨烫。</p>
    <img class="right" src="04.png" />
    <h2>最受欢迎</h2>
    <p>九孔棉冬被选用优质涤纶面料，手感柔软、花型独特，<br/>填充料采用高科技的聚酯螺旋纤维精
制而成，该纤维细如发，弹性极强。且饱含空气，恒温性强，使您倍感轻软舒适。经特殊工艺加工后，长期
保持松软如新，为您提供健康舒适的睡眠需要。</p>
    </div>
    <div id="aside">
    <h1>产品分类</h1>
    <ul>
    <li><a href="#">0-1 岁玩具</a></li>
    <li><a href="#">2-3 岁玩具</a></li>
    <li><a href="#">4-6 岁玩具</a></li>
    <li><a href="#">0-1 岁服装</a></li>
    <li><a href="#">2-3 岁服装</a></li>
    <li><a href="#">4-6 岁服装</a></li>
    </ul>
    </div>
    <div id="footer"><p>联系我们:<a href="mailto:babyhouse@126.com">
            babyhouse@126.com</a> </p>
    </div>
    </div>
    </body>
```

（2）网页内容建立之后，因为没有设置 CSS 样式，所以页面效果还看不出来，下面进入
CSS 设置步骤。网页整体样式设置，对应<body>标记以及最外层<div id="container">。

```
<style>
    nav ul li{
        align:center;
        display:inline;
        font-size:32px;
        padding-left:40px;
            }
    .left{
        float:left;
        margin-right:15px;
        border-bottom:1px #999 dotted;
        border-right:1px #999999 dotted;
        }
    .right{
        float:right;
```

```
        padding-right:390px;
        padding-top:30px;
        margin-left:15px;
        }
.myh2{
        border-bottom:4px #999999 dotted;
        margin-right:200px;
        }
  aside{
        list-style-type:none;
        margin-top:10px;
        text-align:center;
        background-image:url(05.png);
        }
   h2{
        border-bottom:4px #999999 dotted;
        margin-right:390px;
        }
   a:link{
        list-style-type:none;
        }
</style>
<style type="text/css">
#apDiv1 {
        position: absolute;
        width: 1289px;
        height: 893px;
        z-index: 1;
        left: 182px;
        top: -1px;
        }
#header {
        position: absolute;
        width: 1291px;
        height: 155px;
        z-index: 2;
        left: -2px;
        top: 2px;
        background-image: url(01.png);
        }
#navigation {
        position: absolute;
        width: 1291px;
        height: 59px;
        z-index: 3;
```

```
        left: 1px;
        top: 158px;
        background-color: #C69;
    }
#apDiv4 {
        position: absolute;
        width: 958px;
        height: 569px;
        z-index: 4;
        left: 0px;
        top: 219px;
        background-image: url(02.png);
        padding-left: 23px;
        padding-top: 21px;
    }
    #aside {
        position: absolute;
        width: 306px;
        height: 589px;
        z-index: 5;
        left: 983px;
        top: 219px;
        font-size: 28px;
        background-color: #C6F;
        }
#footer {
        clear: both;
        text-align: center;
        padding-top: 10px;
        background-repeat: repeat-x;
        position: absolute;
        width: 1293px;
        height: 67px;
        z-index: 6;
        left: 3px;
        top: 813px;
    }
 #aside h2 {text-align:center;}
    #aside ul {
                margin:0px;
                padding:0px;
                list-style-type:none;
            }
#aside li {
            border-bottom:1px solid #9f9fed;
```

```
                }
    #aside a {
            display:block;
            height:1em;
            padding:5px 5px 5px 1.5em;
            text-decoration:none;
            border-left:1px solid #151571;
            border-right:12px solid #151571;
            text-align:center;
            font-size:24px;
            margin-top:6px;
            background-image:url(05.png);
                }
    #aside a:link,#nav a:visited { color:#FFF;}
    #aside a:hover { color:#ffff00; background-color:#002099; border-left:12px
solid yellow;}
    ul li {
            padding-left:10px;
            padding-right:10px;
        }
    ul li a { font-weight:bold;
            color:#CCC;
            text-decoration:none;
            }
    nav ul li a:hover{
            color:#F99;}
    </style>
```

本章小结

　　本章详细介绍了 CSS3 中文本样式表的高级设置。通过实例对文本样式中的文本字体、风格、字形、大小写转换、行间距、字间距、溢出处理等常用文本样式属性进行讲解。

　　最后通过一个页面设置来结合链接、菜单字体样式、页面图片及文本综合排版案例进一步加深读者对文本样式属性的理解和应用，为后续 CSS 知识的学习打下扎实的基础。

练习与实训

　　1. 制作一个简单的页面，页面中有中、英文本，通过文本属性样式来改变文字效果，查看显示的检测结果和教材案例的介绍是否一致，需要注意浏览器的兼容性。

　　2. 设计一个图片和文字混合排版的页面，掌握图片周围文字的样式和文本标题、超链接文本样式的实际应用。

第 7 章 | 网页色彩和图片设计

本章导读

本章将介绍图像的基础知识，帮助大家了解网页色彩搭配，介绍图像格式的选择和路径表示法，重点讲述图片的使用和背景图，进一步用 CSS3 设置图像效果。

7.1 网页色彩和图片的关系

抛开网页的内容规划与信息的价值，网页展示给人们的首先是界面的视觉印象，成功的网页设计，其优美的色彩往往是吸引人们关注的重要因素之一。

从色彩学的角度来审视网页设计，色彩运用的好坏直接影响到网页的整体效果。有很多网站以其成功的色彩搭配令人过目不忘，但是对于网页设计的初学者来说，往往不容易驾驭好网页的色彩搭配。除了学习各种色彩理论和方法之外，笔者认为多学习一些著名网站的用色方法，对于我们制作漂亮的网页可以起到事半功倍的作用。

1. 网页颜色的象征意义

颜色的使用在网页制作中起着非常关键的作用，不同的颜色有着不同的含义，给人以丰富的感觉和联想。

红色：热情、奔放、喜悦、庄严

黄色：高贵、富有、灿烂、活泼

黑色：严肃、夜晚、沉着

白色：纯洁、简单、洁净

蓝色：天空、清爽、科技

绿色：植物、生命、生机

灰色：庄重、沉稳

紫色：浪漫、富贵

棕色：大地、厚朴

每种色彩在饱和度、透明度上略微变化就会产生不同的感觉，以绿色为例，黄绿色有青春、旺盛的视觉意境，而蓝绿色则显得幽宁、阴深。

2. 网页色彩搭配的原理

（1）色彩的鲜明性。网页的色彩要鲜艳，容易引人注目。

（2）色彩的独特性。要有与众不同的色彩，使得大家对网站印象强烈。

（3）色彩的合适性。就是说色彩和要表达的内容气氛相适合，如用粉色体现女性站点的柔性。

（4）色彩的联想性。不同的色彩会产生不同的联想，例如，蓝色想到天空，黑色想到黑夜，红色想到喜事等，选择的色彩要和网页的内涵相关联。

3．非彩色的搭配

黑白是最基本和最简单的搭配，白字黑底、黑底白字都非常清晰明了。灰色是万能色，可以和任何色彩搭配，也可以帮助两种对立的色彩和谐过渡。如果实在找不出合适的色彩，可以用灰色试试，效果通常不会太差。

在庞杂的网页界面中，色彩运用得越简洁、完整，对人们的吸引力就越强。一般来说，网页的背景色应该柔和一些、素一些、淡一些，再配上深色的文字，使人看起来自然、舒畅。而为了追求醒目的视觉效果，可以为标题使用较深的颜色。

一些网页制作的初学者可能更喜欢使用一些漂亮的图片作为自己网页的背景，但是，浏览一下大型的商业网站，你会发现他们更多运用的是白色、蓝色、黄色等，使得网页显得典雅、大方和温馨。更重要的是，这样可以大大加快浏览者打开网页的速度。

4．网页图片的使用原则

网站的主要目的是传递信息，文字是传递信息最有效的方式，而图像则是辅助文字说明的最佳拍档。即便是内容主导的网站，也需要图像作为润色。因为图像能够打破视觉的单调性，帮助浏览者聚焦于内容，更好地理解上下文。

在进行网页设计时，选择的图片一定要是合适的、与主题相关的。

1）可用性至上

图像必须与整体相协调，并且与文字产生对比。要想产生鲜明的对比，就要学会观察。如果图片比较亮，文字可以使用较深的颜色，反之亦然。如果想要使用白色字体和亮色背景，那么最好使用一些黑色元素作为过渡。

2）质量

图片的质量至关重要，宁可一张图都不配，也不要配上一些模糊不清、质量不高的图片，以免给人造成品质不高的印象。

3）关联性

一图胜千言，但是有时候以文字为主，那么配上的图就一定要与文字相关，做到图文相辅相成，绝不能喧宾夺主。

4）大图受欢迎

图像越大，视觉冲击力也越大。

进行页面设计时还需要注意：在图像精美的同时，还必须控制好文件尺寸与大小，方便网络传输与用户浏览。

7.2 网页图像的应用

图片是网页中不可或缺的元素，在网页中巧妙地使用图片，可以为网站增色不少。

7.2.1 网页图片格式的选择

网页常用的图片格式有 GIF、JPEG 和 PNG 三种，当前的所有浏览器都支持这三种图像格式。

1．GIF 格式

GIF 是 Graphical Interchange Format 的缩写，是 CompuServe 公司于 1987 年提出的与设备无关的图像存储标准，也是 Web 上使用最早、最广泛的图像格式。

GIF 文件的数据是一种基于 LZW 算法的连续色调的无损压缩格式，图像压缩后不会有细节上的损失，其压缩率一般在 50%左右，相对而言所占空间较少，特别适合在网络上传输。GIF 格式的另一个特点是一个 GIF 文件中可以存多幅彩色图像，如果把存于一个文件中的多幅图像数据逐幅读出并显示到屏幕上，就可以构成一种最简单的动画，网上很多小动画都是 GIF 格式的。GIF 还支持透明背景图像，这种技术在网页中很有用。因为当这种图像放在网页中时，就好像单独将前景图像直接放在网页中一样，图像的背景色和网页的背景色相同，使网页看起来非常的协调。

GIF 格式有个小小的缺点：只支持 8bit 色深，即最多支持 256 种色彩的图像。尽管如此，因其文件格式短小、下载速度快、可用许多具有同样大小的图像文件组成动画等优势，在网络上仍然非常受欢迎。

页面上 GIF 通常适用于卡通、图形（包括带有透明区域的图形）、Logo、动画等。

2. JPEG 格式

JPEG 是 Joint Photographic Experts Group 的缩写，即"联合图片专家组"，是第一个国际图像压缩标准。JPEG 是由该专家组制定的用于连续色调（包括灰度和彩色）静止图像的压缩编码标准，采用的压缩编码算法是"多灰度静止图像的数字压缩编码"。

JPEG 是一种有损压缩格式，能够将图像压缩在很小的储存空间，图像中重复或不重要的资料会丢失，因此容易造成图像数据的损伤，尤其是使用过高的压缩比例，将使最终解压缩后恢复的图像质量明显降低，如果追求高品质图像，不宜采用过高的压缩比例。但是 JPEG 压缩技术十分先进，它用有损压缩方式去除冗余的图像数据，在获得极高的压缩率的同时能展现十分丰富生动的图像。JPEG 格式压缩的主要是高频信息，对色彩的信息保留较好，可以支持 24bit 真彩色，所以常用 JPEG 图像来存储色彩较多的画面和需要连续色调的图像。JPEG 格式不支持透明度。

JPEG 是目前网络上最常见的图像存储和传送格式，采用了一种压缩比例更高的压缩技术，所以图像文件一般比 GIF 文件要小，下载速度快。但此格式不适合用来绘制线条、文字或图标，因为它的压缩方式对这几种图片损坏严重。页面上的 JPEG 通常适用于彩色照片等。

3. PNG 格式

PNG 是 Portable Network Graphics 的缩写，即"可移植网络图形"，是网上接受的最新图像。该类型图片的最大特点是支持透明效果，利用这一特征我们可以设计形状各异的效果，从而达到更加贴切的网页效果，尤其在与其他背景进行重合时，PNG 更能发挥其特色。

PNG 能够提供长度比 GIF 小 30%的无损压缩图像文件，它同时提供 24bit 和 48bit 真彩色图像，对于连续的颜色或重复图案，PNG 的压缩效果比 GIF 更好。

在 GIF 格式中，一个像素是完全透明或者完全不透明的，PNG 则支持 alpha 透明，可以为原图像定义 256 个透明层次，即可以实现半透明。所以，具有半透明背景的图像通常使用 PNG 格式，可以使图像边缘更平滑、避免锯齿状。

PNG 图像在浏览器上采用流式浏览，即使经过交错处理的图像也会在完全下载之前提供给浏览者一个基本的图像内容，然后再逐渐清晰起来。它允许连续读出和写入图像数据，这个特性很适合于在通信过程中显示和生成图像。

PNG 和 GIF 格式一样，通常用于保存大量纯色图案或有透明度的标志之类。

由于带宽的限制，太多或太大的图片会让网页显示的速度变慢，给浏览者带来困扰，对网站整体的视觉效果也会带来负担，因此放入图片前应该先做好规划。在选择网页上的图像时，请注意以下几点：

➤ 为了保证所有浏览器的兼容，请选择 JPEG、PNG、GIF 这三种图像格式。

➤ 根据图像的需求，选择图像的格式。

➤ 除了考虑图像的格式，还要考虑图像文件的大小。在图片清晰的前提下，图片文件越小越好，一般来说，网页上的图片最好不要超过 30KB。图像文件越大，传输耗时越多。

7.2.2　路径表示法

HTML 文档支持文字、图片、音频、视频等媒体格式，但这些格式中，除了文本是写在HTML 中的，其他都是嵌入式的，HTML 文档只记录了这些文件的路径。这些媒体信息能否正确显示，路径至关重要。

路径的作用是定位一个文件的位置，网页文件中的路径有两种，一种是绝对路径（Absolute Path），另一种是相对路径（Relative Path）。

1. 绝对路径

如果要链接网络上的某一张图片，可以直接指定 URL（Universal Resource Locator，统一资源定位符），就是绝对路径，表示方式如下：

```
<img src="http://网址/图片文件.jpg"/>
```

互联网上的每个文件都有唯一的 URL。URL 的基本结构如图 7-1 所示。

图 7-1　URL 的基本结构

URL 包含了指向目录或文件的完整信息，包括模式、主机名和路径。

以根目录为参照物表示文件的位置，即为绝对路径。

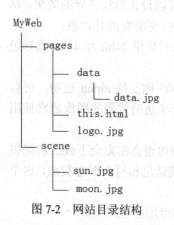

图 7-2　网站目录结构

2. 相对路径

相对路径以网页文件存放文件夹与图片文件存放文件夹之间的路径关系来表示，主要用于在一个网站内部进行文件引用或链接等。下面以图 7-2 为例来说明相对路径的表示法。

在图 7-2 所示的网站结构中，MyWeb 是站点根文件夹，在该网站的 this.html 页面中要引用本站点内的其他文件，相对 URL 的指定有以下几种情况。

1）引用同一目录下的文件

如果目标文件与当前页面（也就是包含 URL 的页面）在同一目录下，那么这个文件的相对 URL 就是文件名。例如，要引用文件 logo.jpg，相对路径为 logo.jpg。

2）引用子目录下的文件

如果目标文件在当前目录的子目录中，那么这个文件的相对路径就是子目录名，接着是一个斜杠，然后是文件名。例如，要引用文件 data.jpg，相对路径为 data/data.jpg。

3）引用上层目录的文件

如果要引用文件层次结构中上层目录的文件，应该使用.. /代表返回上一级目录，如果要返回两级目录则可以写为../../，如果要返回多级目录则依次类推。例如，要引用文件 sun.jpg，地址为.. /scene/sun.jpg。

4）根相对 URL

如果文件在服务器上，应该避免使用.. /scene/sun.jpg 这样显得较为笨拙的文件路径，更简单的方法是通过根目录找到文件。例如，上面的引用地址可写为/scene/sun.jpg，这里第一个斜杠代表根目录。

使用相对路径，无论将网站文件夹部署在哪里，只要文件的相对关系没有改变，就不会出错。

7.2.3 图片的使用

在 HTML 中，图像由<img> 标签定义。<img>标记并不会在网页中复制图像，而是从网页上链接图像，浏览器会根据要显示的图像路径找到该图像并显示出来。<img>标记创建的是被引用图像的占位空间。使用<img>标记的基本语法格式为：

```
<img 属性="属性值"/>
```

<img>标记的属性如表 7-1 所示。

说明：

（1）img 元素是一个空元素，它只包含属性，并且没有闭合标签。

（2）img 是一个短语内容，在其前后并不会换行。

表 7-1 <img>标记的属性

属 性	设 置 值	说 明
src	图片位置	指定图片的路径及文件名
alt	替代文字	指定图像无法显示时的替代文字
title	说明文字	鼠标移到图片上时显示的文字，也是由屏幕阅读器朗读的文本
height	图片高度	以像素（pixel）为单位
width	图片宽度	以像素（pixel）为单位

HTML5 中 img 的必要属性为 src 和 alt，此外还有其他几个属性，例如：

```
<img src="img/scene.jpg" alt="风景图片" title="风景图片" width="100px"
height="100px"/>
```

1. 设置图像源文件

src 属性用于指定图片源文件的路径，是<img>标记必不可少的属性。图片的路径可以是绝对路径，也可以是相对路径。

2. 设置图像在网页中的宽度和高度

默认情况下，页面中图像的显示大小就是图像的实际宽度和高度，我们可以通过属性 width和 height 改变图像的显示尺寸。width、height 还可以起到占位的作用，当页面上的图像还没有完全下载时，可以为图像预留出它的位置，以呈现出页面的基本结构。

当只为图片设置一个尺寸属性时，另外一个尺寸就以图片原始的长宽来显示。图片的尺寸单位可以选择百分比或像素，百分比是相对尺寸，像素是绝对尺寸。

3. 替代文字

alt 属性用于指定当图像无法显示时的替代文字。

4. 设置图像的提示文字

title 属性用于指定当鼠标移到图像上时出现的提示文本，也是由屏幕阅读器朗读的文本。

制作一个网站可能需要大量的图片，有经验的网站开发人员通常会将图片存放在图片文件夹中，以便于网站的管理和维护，当图片与网页文件存放在不同的文件夹时，就必须指定图片的路径。

7.3 用 CSS3 设置颜色与背景

网页中的颜色除前面第 5 章中已经讲述过的文本颜色、边框颜色之外，还有一个重要的应用就是为网页背景、图片背景、块元素 div 背景、盒子背景等设置颜色。在网页制作过程中经常需要用到背景颜色，网页背景颜色设置搭配合理可以增强网页的美感和外观效果。也可以采用图片作为网页的背景。

1. 网页背景颜色

文本颜色的设置不再重复介绍，这里主要介绍一下背景颜色的设置。在进行背景颜色设置前需要先了解一下网页中颜色的表示方法。

（1）颜色关键字：就是用颜色的英文名称来设置颜色。例如："red"代表红色，"black"代表黑色等。不常用，无法表示复杂的颜色。

（2）RGB 值表示法：在 CSS 中，RGB 值有多种表示方式，如十六进制的 RGB 值和 RGB 函数值都行。通常网页中的颜色值都是采用十六进制的 RGB 值表示，这种表示法采用十六进制表示颜色值，以"#"开头，后面跟 6 位十六进制数，如#rrggbb，前两位表示红色，中间两位表示绿色，最后两位表示蓝色，通过改变三种颜色的占比值来实现不同的颜色。

了解了网页中颜色值的表示方法，接下来我们学习网页中背景颜色的设置属性。网页中使用 background-color 样式属性来设置背景颜色，其语法格式是：

```
background-color: 颜色关键字 | #rrggbb  | transparent;
```

三个可取参数值的含义分别说明如下。

颜色关键字：指采用表示颜色的英语单词关键字，如 red、blue、black。

#rrggbb：指采用 6 位十六进制数表示的 RGB 颜色值，常用方法。

Transparent：表示透明值，是背景颜色 background-color 属性的初始值。

使用该属性为页面设置背景颜色，代码如下：

```
<style>
  body{ background-color:#00eeff; }              /*整个页面背景颜色*/
  #div1{ background-color:yellow; }              /*块元素 div1 背景颜色 */
</style>
```

代码效果如图 7-3 所示。

2. 网页背景图像

网页除可用颜色作为背景增强页面美观效果外，还可以使用图片背景来修饰整个页面，但要注意所选择的背景图片的颜色不能太深、太浓或者和网页内容不协调，否则会起到相反的作用。一般选择浅淡的自然风景照片或人为设计的图片作为背景图片。

网页中使用 background-image 样式属性来设置背景颜色，其语法格式是：

图 7-3　背景颜色设置

```
background-image: url （图片路径） | none;
```

两个可取参数值的含义分别说明如下。

url：指定要插入的背景图片路径或名称，路径可以为绝对路径也可以为相对路径。前面有对绝对路径和相对路径的详细讲解。图片的格式一般以 GIF、JPEG 和 PNG 格式为主。

none：是一个默认值，表示没有背景图片。

使用该属性为页面设置背景图片，代码如下：

```
<style>
  body{ background-image:url(img/backgroundimg.jpg); }        /*设置页面背景图片*/
</style>
```

代码效果如图 7-4 所示。

图 7-4　背景图片设置

使用 background-image 属性为网页添加背景图片比较容易，但要想在背景图片添加后达到较好的效果，通常还需要联合另外三个属性 background-attachment、background-repeat 和 background-position 一起使用来控制背景图片。

其中，background-attachment 样式属性也称插入图片背景附件，简单地理解就是设置图片背景是否随浏览者滚动鼠标而滚动。

网页中使用 background-attachment 样式属性来设置网页背景图片是否随鼠标（滚动条）的滚动而滚动，其语法格式是：

```
background-attachment:scroll | fixed;
```

两个可取参数值的含义分别说明如下。

scroll：表示网页背景图片随着滚动条的移动而移动，是浏览器的默认值。

fixed：表示背景图片固定在页面上不动，不随滚动条的移动而移动。

使用该属性为页面设置背景图片滚动效果，代码如下：

```
<style>
  body{ background-image:url(7-1.jpg);          /*设置页面背景图片*/
        background-attachment:scroll;           /*设置背景图片滚动效果*/
      }
</style>
```

另一个背景图片样式属性 background-repeat，用于设置背景图片是否重叠或叠加，如果重叠是 X 轴（横向）方向重叠还是 Y 轴（纵向）方向重叠。当网页背景图片较小、无法覆盖整个页面时 background-repeat 属性比较有用。

其语法格式是：

```
background-repeat:repeat |repeat-x |repeat-y |no-repeat;
```

四个可取参数值的含义分别说明如下。

repeat：指网页背景图片在横向和纵向两个方向上都重叠。

repeat-x：指网页背景图片在 X 轴（横向）方向上重叠。

repeat-y：指网页背景图片在 Y 轴（纵向）方向上重叠。

no-repeat：指网页背景图片不重叠。

使用该属性设置背景图片在 X 轴的重叠效果，代码如下：

```
<style>
  body{ background-image:url(img/bg.jpg);        /*设置页面背景图片*/
        background-repeat:repeat-x;              /*设置背景图片 X 轴重叠效果*/
      }
</style>
```

第三个与网页背景图片设置效果相关的样式属性是 background-position，这个属性主要用于设置背景图片的位置。在网页图文混合排版或为网页中某个块标记 div 设置背景图片，且需要指定背景图片的位置时就要使用 background-position 属性。

其语法格式是：

```
background-position：百分比|长度|关键字；
```

三个可取参数值的含义分别说明如下。

利用百分比和长度设置图片位置时，两个值都要指定，并且这两个值要用空格隔开，一个代表水平位置，一个代表垂直位置。水平位置的参考点是网页页面的左边，垂直位置的参考点是页面的上边。例如：background-position:50%　50%。

关键字在水平方向的主要有 left、center、right，表示居左、居中和居右；关键字在垂直方向的主要有 top、center、bottom，表示顶端、居中和底端。其中水平方向和垂直方向的关键字可相互搭配使用。例如：**background-position:left center;**（背景图片左边居中）。

总之，为网页设置背景图片样式需要结合以上四个样式属性联合使用，才能得到我们想要的背景图片特效。

7.3.1 用 CSS3 设置图像效果

采用 CSS 设置图像效果主要指通过样式表来定义图片的显示位置、对齐方式、图片的大小变化，如缩放特效、图片的边框、图片滤镜效果，等等。

1. 图像滤镜效果

在 CSS3 中可以通过图像滤镜样式属性改变图像的背景。filter 样式属性可以通过调用 grayscale()方法来实现将图像背景颜色去掉，实现彩色图片黑白化。

使用该属性为图片生成黑白化效果，代码如下：

```
<style>
img{
    filter: grayscale(100%);
    -webkit-filter: grayscale(100%);
    -moz-filter: grayscale(100%);
    }
</style>
<body>
    <img src="img/lake.jpg"/>
</body>
```

说明：grayscale(100%)，取值范围为 0～100%，100%表示去掉图像彩色。这里的百分比可以根据需要来修改。

测试后，一张彩色图片变为黑白的效果如图 7-5 所示。

2. 图像透明度

CSS3 中新增了定义图像透明度的样式属性，即 opacity。opacity 表示图像的透明度，opacity 属性能够设置的值为 0～1.0。值越小，越透明。通过 CSS 3 来创建透明图像的代码如下：

```
img{
opacity:0.4;
filter:alpha(opacity=40);        /* 针对 IE 8 以及更早的版本 */
}
```

代码效果如图 7-6 所示。

图 7-5　图像滤镜效果

图 7-6　图像透明度效果

7.3.2　图片缩放

在以往的 CSS 版本中主要使用 width 属性和 height 属性来定义图片的高度和宽度样式，实现图片的缩放特效。width 属性和 height 属性相对比较简单，主要通过定义图片的长宽显示比例来实现。如 img{width:50% }，当拖动浏览器窗口改变其宽度时，图片的大小也会相应地发生变化。这里需要注意的是，当仅设置了图片的 width 属性，而没有设置 height 属性时，图片本身会自动等比例纵横缩放，如果只设置了 height 属性也是一样的道理。只有同时设定 width 和 height 属性时才会不等比例缩放。

```
img{ width:70%;
     height:60%;   }
```

说明：这种缩放方式比较简单，也很容易理解，但需要注意这里图片的缩放比例只是相对网页正文 body 的大小而言的，还是会随浏览器窗口的大小而缩放。

CSS3 中新增加的样式属性 transform 是对元素进行变化操作的，包括位移、旋转、放大、变形等。此属性的一个属性值 scale 可以实现图片的缩放效果，且比以往 CSS 中的实现效果更好。为了兼容当今主流的浏览器，我们可以在样式属性前加上-webkit、-moz 等前缀以适用不同的浏览器。

这里需要用到 transform 属性调用 scale 方法实现缩放。scale 方法的参数有两个，它本身其实相当于一个函数，因为它的写法和函数一样：scale();scale(x);scale(x,y)。

例如：transform: scale(1.5,1.5); 指图片以中心为原点向 X、Y 轴的两向都扩大，扩大的倍数正好是原来的 1.5 倍。

又如：transform: scale(0.5,0.5); 指图片以中心为原点向 X、Y 轴的两向都缩小，缩小为原图像的 0.5 倍。

于是我们可以知道，两个参数以中心为原点同时对元素的宽和高进行缩放。

使用该属性为图像实现缩放效果，代码如下：

```
a:hover img{                    /* 添加了一个鼠标移动放大 */
    -webkit-transform:scale(1.5,1.5);
    -moz-transform:scale(1.5,1.5);
    }
a:active img{                   /* 单击鼠标缩小 */
    -webkit-transform:scale(0.5,0.5);
    -moz-transform:scale(0.5,0.5);
    }
<body>
    <a href="#"><img src="img/girls.jpg"/></a>
</body>
```

这种缩放方式比较直观，且不需要改变浏览器窗口，只需移动鼠标到图片就自动缩放，效果如图 7-7 所示。

（a）图像缩放前的效果

（b）鼠标移上去图像的放大效果

（c）鼠标单击时图像的缩小效果

图 7-7　图像缩放效果

本章小结

　　本章涵盖了图像的很多内容。首先帮助大家了解网页色彩搭配，然后介绍图像格式的选择和路径表示法，接着重点讲述图片的使用和背景图，最后讲述了如何用 CSS3 设置图像效果。

练习与实训

　　1. 什么是绝对路径？什么是相对路径？
　　2. 设计并制作个人主页。

第 8 章 | 网页超链接设计

本章导读

网页可以包含各种直接跳转到其他页面的链接，甚至一个给定页面的特定部分，这些链接称为超链接。

超链接的语法根据链接对象的不同而有所变化，但都是基于<a>标记的，英文叫 anchor。<a>可以指向任何一个文件源：一个 HTML 网页，一个图片，一个影视文件等。

8.1 创建超文本与图片链接

HTML 使用标签<a>来设置超文本链接。超链接可以是一个字，一个词，或者一组词，也可以是一幅图像，可以单击这些内容来跳转到新的文档或者当前文档中的某个部分。

当把鼠标指针移动到网页中的某个链接上时，箭头会变为一只小手。在标签<a>中使用了 href 属性来描述链接的地址。

默认情况下，链接将以以下形式出现在浏览器中：

➢ 一个未访问过的链接显示为蓝色字体并带有下画线。

➢ 访问过的链接显示为紫色并带有下画线。

➢ 点击链接时，链接显示为红色并带有下画线。

语法：

```
<a href="target url">Link text</a>
```

href 属性指定链接的目标。开始标签和结束标签之间的文字被作为超级链接来显示。

通过在<a>标签中嵌套<img>标签，给图像添加到另一个文档的链接。<img>标签有两个必需的属性：src 和 alt。

➢ src 规定显示图像的 URL。

➢ alt 规定图像的替代文本。

在该语法中，Link text 是链接元素，链接元素可以是文字，也可以是图片或者其他页面元素。通过超链接可以使各个网页直接链接起来，使网站中的各个页面构成一个整体，使浏览者能够在各个页面之间跳转。

超链接可以是一段文本、一幅图像或是其他的网页元素，当在浏览器中单击这些对象时，浏览器可以根据指示截入一个新的页面或者转到页面的其他位置。

下面通过实例来创建一个超文本链接以及图片链接，请详看实例代码及实例效果。

实例代码 8-1：

```
<!DOCTYPE html>
<html>
```

```
<head>
<meta charset="utf-8">
</head>
<body>

<p>创建超文本链接:
<a href="https://www.baidu.com/">打开超文本链接</a>

<p>创建有边框图片链接:
<a href="https://www.baidu.com/">
<img border="1"src="smiley.gif" alt="替代文本" width="32" height="32"></a></p>

<p>无边框的图片链接:
<a href="https://www.baidu.com/">
<img border="0" src="smiley.gif" alt="替代文本" width="32" height="32"></a></p>

</body>
</html>
```

使用 Chrome 浏览器的实例效果如图 8-1 所示。

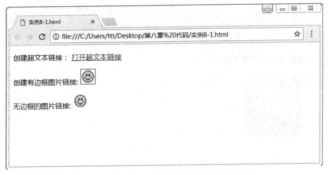

图 8-1　超文本链接和图片链接示例

8.2　创建下载链接

在 HTML5 中，download 属性是<a>标签的新属性。目前浏览器只有 Firefox 和 Chrome 支持 download 属性。

定义和用法：

➢　download 属性规定被下载的超链接目标。

➢　在<a>标签中必须设置 href 属性。

该属性也可以设置一个值来规定下载文件的名称。所允许的值没有限制，浏览器将自动检测正确的文件扩展名并添加到文件中（.img、.pdf、.txt、.html，等等）。

语法如下：

```
<a download="filename">文本</a>
```

其中 filename 规定作为文件名来使用的文本。

实例代码 8-2：

```
<!DOCTYPE html>
<html>
<head>
<meta charset="utf-8">
</head>
<body>

<p>点击 logo 来下载该图片：<p>

<a href="i/logo_white.gif" download="logo">
<img border="0" src="i/logo_white.gif" alt="logo">
</a>

</body>
</html>
```

使用 Chrome 浏览器的实例效果如图 8-2 所示。

图 8-2　创建下载链接来下载图片

8.3　使用相对路径和绝对路径

在网页制作的过程中，少不了与路径打交道，比如，包含一个文件、插入一个图片等，都与路径有关系，如果使用了错误的文件路径，就会导致引用失效（无法浏览链接文件，或无法显示插入的图片等）。

HTML 相对路径（relative path）：如果源文件和引用文件在同一个目录里，直接写引用文件名即可，这时引用文件的方式就是使用相对路径。

HTML 绝对路径（absolute path）：完整的描述文件位置的路径就是绝对路径，在网页制作中带域名的文件才是完整路径。

下面建立两个 HTML 文档 target.html 和 index.html，用作示例，要求都是在 target.html 中

加入 index.html 超链接。

实例代码 8-3：

```
<!DOCTYPE html>
<html>
<head>
<meta charset="utf-8">
</head>
<body>

<p>假设 target.html 和 index.html 都在 c:/xampp/htdocs/balabala 目录下</br>
<a href = "index.html">相对路径的简单应用</a></p>

<p>假设 target.html 在 c:/xampp/htdocs/sites/balabala 目录下；index.html 在
c:/xampp/htdocs/sites 目录下</br>
<a href = "../index.html">相对路径中表示上级目录</a></p>

<p>假设 target.html 在 c:/xampp/htdocs/sites/balabala 目录下；index.html 在
c:/xampp/htdocs/sites/lolstory 目录下</br>
<a href = "../lolstory/index.html">相对路径中表示其他同级目录</a></p>

<p>假设 target.html 在 c:/xampp/htdocs/sites/balabala 目录下；index.html 在
c:/xampp/htdocs/sites/balabala/html 目录下</br>
<a href = "html/index.html">相对路径中表示其他同级目录</a></p>

<p>使用绝对路径</br>
<a href = "c:/xampp/htdocs/sites/balabala/html/index.html">绝对路径</a></p>
</body>
</html>
```

使用 Chrome 浏览器的实例效果如图 8-3 所示。

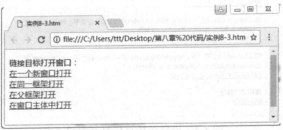

图 8-3 创建绝对路径和相对路径效果

8.4 设置链接目标打开窗口

链接的 target 属性用于指定链接打开文档的位置，表 8-1 是该属性可能的选项。

表 8-1　target 属性的选项及其描述

选　项	描　述
_blank	在一个新窗口或选项卡中打开链接
_self	在同一框架打开链接
_parent	在父框架打开链接
_top	在窗口主体中打开链接

不再允许把框架名称设定为目标，因为不再支持 frame 和 frameset。self、parent 及 top 三个值大多数时候与 iframe 一起使用。

实例代码 8-4：

```
<!DOCTYPE html>
<html>
<head>
<meta charset="utf-8">
</head>
<body>
<p>链接目标打开窗口：</br>
<a href="https://www.baidu.com/" target="_blank">在一个新窗口打开</a></br>
<a href="https://www.baidu.com/" target="_self">在同一框架打开</a></br>
<a href="https://www.baidu.com/" target="_parent">在父框架打开</a></br>
<a href="https://www.baidu.com/" target="_top">在窗口主体中打开</a></p></br>
</body>
</html>
```

使用 Chrome 浏览器的实例效果如图 8-4 所示。

图 8-4　设置链接目标打开窗口

8.5　超文本链接到一个 E-mail 地址

mailto 链接是一种 html 链接，能够设置计算机中邮件的默认发送信息，但是需要计算机中安装默认的 E-mail 软件，类似 Microsoft Outlook 等。假如已经安装了 Microsoft Outlook，则直接点击 mailto 链接就可以获得默认设置的邮件信息。

语法如下：

```
<ahref="mailto:name@email.com">Email</a>
```

表 8-2 所示为邮件地址参数。

表 8-2　邮件地址参数

参　　数	描　　述
mailto:name@email.com	收件人的邮箱地址
cc=name@email.com	抄送人的邮箱地址
bcc=name@email.com	密抄送的邮箱地址
subject=subject	邮件的主题
body=body	邮件的内容
?	和浏览器地址操作一样，第一个参数符号是?
&	其他参数符号是&

写邮件的时候有时会用到空格和下画线，可以利用浏览器的编码，%20 是空格，%0D%0A 是下画线。

实例代码 8-5：

```
<!DOCTYPE html>
<html>
<head>
<meta charset="utf-8">
</head>
<body>

<p>仅仅填写收件人地址的邮件:
<a href="mailto:steven@126.com">给 steven 发送邮件</a></p>

<p>有收件人地址和邮件主题的邮件:
<a href="mailto:steven@126.com?subject=The%20subject%20of%20the%20mail"> 给
steven 发送有主题的邮件</a></p>

<p>各个参数都有的邮件:
<a href="mailto:steven@126.com?subject=The%20subject%20of%20the%20mail&body=
This%20email%20is%20from%20your%20website&cc=cc@126.com&bcc=bcc@126.com">用 cc,
bcc, 主题和内容给 steven 发送邮件</a></p>
</body>
</html>
```

使用 Chrome 浏览器的实例效果如图 8-5～图 8-8 所示。

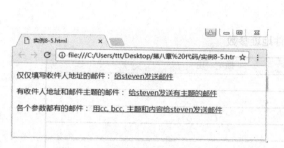

图 8-5　设置超链接到邮件地址

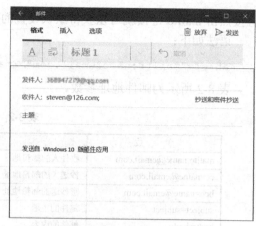

图 8-6　仅填写收件人地址效果

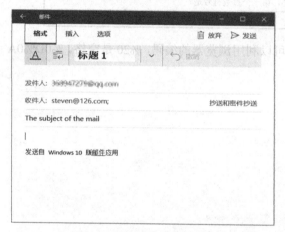

图 8-7　有收件人地址和邮件主题

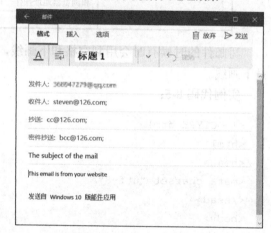

图 8-8　各个参数都有的页面效果

8.6　使用锚链接制作电子书阅读网页

　　锚标记的作用就是链接到同一文档中的特定位置，也称为锚链接，一般文档内容比较丰富时才用锚标记。

　　锚的使用方法是选择一个目标定位点，用来创建一个定位标记，用<a>标记的 name 属性的值来确定。

　　语法如下：

```
<a name="label">显示的文本</a>
```

实例代码 8-6：

```
<!DOCTYPE html>
<html>
<head>
<meta charset="utf-8">
</head>
<body>
```

```
<p>
<a href="#C3">查看章节 3</a>
<a href="#C6">查看章节 6</a>
<a href="#C9">查看章节 9</a>
</p>

<h2><a name="C1">章节 1</h2>
<p>这边显示该章节的内容……</p>

<h2><a name="C2">章节 2</h2>
<p>这边显示该章节的内容……</p>

<h2><a name="C3">章节 3</h2>
<p>这边显示该章节的内容……</p>

<h2><a name="C4">章节 4</a></h2>
<p>这边显示该章节的内容……</p>

<h2><a name="C5">章节 5</h2>
<p>这边显示该章节的内容……</p>

<h2><a name="C6">章节 6</h2>
<p>这边显示该章节的内容……</p>

<h2><a name="C7">章节 7</h2>
<p>这边显示该章节的内容……</p>

<h2><a name="C8">章节 8</h2>
<p>这边显示该章节的内容……</p>

<h2><a name="C9">章节 9</h2>
<p>这边显示该章节的内容……</p>

<h2><a name="C10">章节 10</h2>
<p>这边显示该章节的内容……</p>

<h2><a name="C11">章节 11</h2>
<p>这边显示该章节的内容……</p>

<h2><a name="C12">章节 12</h2>
<p>这边显示该章节的内容……</p>

<h2><a name="C13">章节 13</h2>
<p>这边显示该章节的内容……</p>

<h2><a name="C14">章节 14</h2>
<p>这边显示该章节的内容……</p>
```

```
<h2><a name="C15">章节 15</h2>
<p>这边显示该章节的内容……</p>

<h2><a name="C16">章节 16</h2>
<p>这边显示该章节的内容……</p>
</body>
</html>
```

使用 Chrome 浏览器的实例效果如图 8-9 所示。

点击上面的锚链接"查看章节 6"之后，跳转到如图 8-10 所示界面。

图 8-9　点击锚链接之前的效果

图 8-10　点击锚链接"查看章节 6"之后的效果

8.7　创建热点区域

area 标签定义图像映射内部的区域（图像映射指的是带有可点击区域的图像），主要用于图像地图，通过该标记可以在图像地图中设定作用区域（又称为热点），当用户的鼠标移到指定的作用区域点击时，会链接到预先设定好的页面。

area 元素始终嵌套在<map>标签内部。注意，<img>标签中的 usemap 属性与 map 元素中的 name 相关联，以创建图像与映射之间的关系。

area 标签的 shape 属性与 coords 属性配合，可以规定区域的尺寸、形状和位置。

coords 规定区域的坐标。shape 属性用于定义图像映射中对鼠标敏感的区域的形状：

➢ 圆形（circ 或 circle）；

➢ 多边形（poly 或 polygon）；

➢ 矩形（rect 或 rectangle）。

实例代码 8-7：

```
<!DOCTYPE HTML>
<html>
<head>
```

```
<meta charset="utf-8">
</head>
<body>
<imgsrc ="images/target.jpg" alt="Planets" usemap ="#planetmap" />

<map name ="planetmap">
    <area shape="circle" coords="180,139,14" href ="venus.html" alt="Venus" />
    <area shape="circle" coords="129,161,10" href ="mercur.html" alt="Mercury" />
    <area shape="rect" coords="0,0,110,260" href ="sun.html" alt="Sun" />
</map>
</body>
</html>
```

使用 Chrome 浏览器的实例效果如图 8-11～图 8-14 所示。

图 8-11　效果图依次点击热点区域

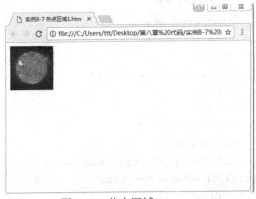

图 8-12　热点区域 1

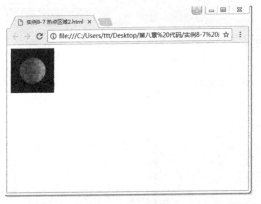

图 8-13　热点区域 2

图 8-14　热点区域 3

8.8　浮动框架

　　HTML5 已经舍弃了 frameset 标签（框架集标签），而采用 iframe 标签（浮动框架标签）创建包含另一个文档的行内框架。

　　浮动框架是一种较为特殊的框架，它是在浏览器窗口中嵌套的子窗口，在网页内部嵌套一个网页，并且可以一级一级地嵌套下去。<iframe>框架可以完全由设计者定义宽度和高度，并且可以放置在一个网页的任何位置，这极大地扩展了框架页面的应用范围。

语法如下：

```
<iframesrc="源文件" width="宽度" height="高度"></iframe>
```

src 属性是 iframe 必需的属性，它定义浮动框架页面的源文件地址。

对于浮动框架 iframe 的滚动条，可以使用 scrolling 属性来控制。scrolling 属性有 3 种情况：根据需要显示、总是显示和不显示，如表 8-3 所示。

表 8-3　scrolling 属性值及其说明

scrolling 属性值	说　　明
auto	默认值，整个表格在浏览器页面中左对齐
yes	总是显示滚动条，即使页面内容不足以撑满框架范围，滚动条的位置也预留
no	在任何情况下都不显示滚动条

实例代码 8-8：

```
<!DOCTYPE html>
<html>
<head>
<meta charset="utf-8">
</head>
<body>
<div id="main">
<h3>浮动框架简单示例</h3>
<iframesrc="http://www.baidu.com"width="400px"height="300px"
scrolling="auto"></iframe>
</div>
</body>
</html>
```

使用 Chrome 浏览器的实例效果如图 8-15 所示。

图 8-15　浮动框架效果图

8.9　综合实例——图片热点区域制作

（1）创建一个 HTML 文档，插入一张图片文件，即火影忍者木叶第 7 班合照，如图 8-16 所示。

（2）将火影忍者木叶第 7 班合照图片用图片编辑器打开，并将鼠标移动到卡卡西的面部，查看状态栏可以看到当前鼠标的坐标信息（X 轴、Y 轴），即为圆形的中心点坐标，如图 8-17 所示。

（3）完成"卡卡西"热点的代码编写。填写"卡卡西"对应的 area 标签的 shape 属性为圆形 circle，coords 属性为中心点的坐标，半径为 50，如下所示：

图 8-16　火影忍者木叶第 7 班合照

```
<!DOCTYPE HTML>
<html>
<head>
<meta charset="utf-8">
</head>
<body>
<img src="images/hezhao.jpg" alt="photo" usemap ="#hezhao" />
<map name ="hezhao">
  <area shape="circle" coords="317,85,50" href ="kakaxi.html" alt="kakaxi" />
  </map>
</body>
</html>
```

（4）将鼠标移动至合照中的"鸣人"，查看状态栏可以看到当前鼠标的坐标信息（X 轴、Y 轴），即为圆形的中心点坐标，如图 8-18 所示。

图 8-17　卡卡西坐标

图 8-18　鸣人坐标

（5）完成"鸣人"热点的代码编写。填写"鸣人"对应的 area 标签的 shape 属性为圆形 circle，coords 属性为中心点的坐标，半径为 100，如下所示：

```
<!DOCTYPE HTML>
<html>
<head>
<meta charset="utf-8">
</head>
<body>
<img src="images/hezhao.jpg" alt="photo" usemap ="#hezhao" />
<map name ="hezhao">
    <area shape="circle" coords="317,85,50" href ="kakaxi.html" alt="kakaxi" />
    <area shape="circle" coords="489,288,100" href ="mingren.html" alt="mingren" />
    </map>
</body>
</html>
```

（6）将鼠标移动至合照中的"佐助"，查看状态栏可以看到当前鼠标的坐标信息（X 轴、Y 轴），即为矩形的左上角坐标；再往右下方移动一点，查看状态栏可以看到当前鼠标的坐标信息（X 轴、Y 轴），即为之前左上角坐标的对角线的坐标，从而形成一个矩形，如图 8-19 和图 8-20 所示。

图 8-19　佐助坐标——左上角

图 8-20　佐助坐标——对角线

（7）完成"佐助"热点的代码编写。填写"佐助"对应的 area 标签的 shape 属性为矩形 rect，coords 属性为左上角及其对角线的坐标，如下所示：

```
<!DOCTYPE HTML>
<html>
<head>
```

```
<meta charset="utf-8">
</head>
<body>
<img src="images/hezhao.jpg" alt="photo" usemap ="#hezhao" />
<map name ="hezhao">
    <area shape="circle" coords="317,85,50" href ="kakaxi.html" alt="kakaxi" />
    <area shape="circle" coords="489,288,100" href ="mingren.html" alt="mingren" />
    <area shape="rect" coords="104,178,194,312" href ="zuozhu.html" alt="zuozhu" />
</map>
</body>
</html>
```

（8）创建 3 个 HTML 文档，分别插入一张图片，即为卡卡西、鸣人、佐助，如图 8-21～图 8-23 所示。

图 8-21　卡卡西

图 8-22　鸣人

图 8-23　佐助

至此，图片热点区域制作完成。

本章小结

本章通过实例介绍网页超链接设计相关的知识，创建超文本/图片链接、下载链接，使用绝对/相对路径、在不同窗口打开链接，使用超文本链接发送电子邮件，使用锚点制作电子书阅读网页，创建热点区域以及浮动框架。

练习与实训

1．制作导航框架。导航框架包含一个将第二个框架作为目标的链接列表，名为"contents.htm"的文件包含三个链接。

2．左侧的导航框架包含了一个链接列表，这些链接将第二个框架作为目标，第二个框架显示被链接的文档。导航框架中的链接指向目标文件中指定的节。

第9章 | 用 HTML5 创建表格

 **本章导读**

表格标签对于制作网页是很重要的，现在很多网页都使用多重表格，主要是因为表格不但可以固定文本或图像的输出，而且还可以任意地进行背景和前景颜色的设置。

9.1 创建表格

9.1.1 创建表格的基本语法——table 元素、tr 元素、th 元素、td 元素

HTML 表格一般通过四个标记创建，分别是 table 元素、tr 元素、th 元素、td 元素。其基本语法格式为：

```
<table>
        <tr>
                <th>表格标题</th>
                <th>表格标题</th>
                ...
        </tr>
        <tr>
                <td>表格标题</td>
                <td>表格标题</td>
                ...
        </tr>
        ...
</table>
```

1. table 标签

用来在 HTML 文件中插入一个表格，里面包含一个或多个 tr 元素、th 元素、td 元素。更复杂的表格也可能包括 caption、col、thead、tfoot、tbody 等元素。

2. tr 标签

定义 HTML 表格中的行，tr 元素中包含一个或多个 th 元素或 td 元素。只有在<table>标签中先定义了<tr>后，才可以在<tr>标签中定义<th>、<td>元素。不能直接在<table>标签中定义<th>、<td>标签。

3. th 标签

<th>标签定义表格内的表头单元格。HTML 表单中有两种类型的单元格，其中表头单元格包含表头信息（由 th 元素创建）。th 元素内部元素的文本通常会呈现为居中的粗体文本，而 td

元素的文本通常是左对齐的普通文本。

4．td 标签

<td>标签定义标准单元格，也称为列，在其内可以定义数据或者用于显示相关数据的表单标签。

实例代码 9-1：

```html
<!DOCTYPE html>
<html>
    <head>
        <meta charset="utf-8" />
        <title>学生信息表</title>
    </head>
    <body>
        <h3>学生信息表</h3>
        <table border="1" >
            <tr>
                <th>姓名</th>
                <th>性别</th>
                <th>年龄</th>
                <th>专业</th>
            </tr>
            <tr>
                <td>张三</td>
                <td>女</td>
                <td>19</td>
                <td>计算机</td>
            </tr>
            <tr>
                <td>李四</td>
                <td>男</td>
                <td>19</td>
                <td>计算机</td>
            </tr>
            <tr>
                <td>李明</td>
                <td>男</td>
                <td>20</td>
                <td>计算机</td>
            </tr>
        </table>
    </body>
</html>
```

在上述代码中使用 table 的属性 border="1"设置表格的边框。在 Chrome 浏览器中的运行效果如图 9-1 所示。

学生信息表

姓名	性别	年龄	专业
张三	女	19	计算机
李四	男	19	计算机
李明	男	20	计算机

图 9-1　基本表格

9.1.2　表格的描述——summary 属性

summary 属性规定表格内容的摘要。summary 属性不会对普通浏览器产生任何视觉变化。屏幕阅读器可以利用该属性。

实例代码 9-2：

```
<!DOCTYPE html>
<html>
    <head>
        <meta charset="UTF-8">
        <title>水果销量表</title>
    </head>
    <body>
        <table border="1" summary="水果店销量表" >
            <tr>
                <th>名称</th>
                <th>单价</th>
                <th>售出</th>
            </tr>
            <tr>
                <td>苹果</td>
                <td>10</td>
                <td>200</td>
            </tr>
            <tr>
                <td>香梨</td>
                <td>8</td>
                <td>30</td>
            </tr>
            <tr>
                <td>芒果</td>
                <td>9</td>
                <td>20</td>
            </tr>
```

```
        </table>
    </body>
</html>
```

在 Chrome 浏览器中的运行效果如图 9-2 所示。

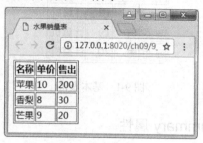

图 9-2　水果销量表

9.2　表格的标题——caption 元素

有时，为了方便表述表格，还需要在表格的上面加上标题。<caption>标签用来定义表格标题。表格标题虽然不会显示在表格的框线范围之内，但仍应看作表格的组成部分，它位于整个表格的第一行，如同在表格上方加一个没有边框的行，用来存放表格标题。

caption 标签必须紧随 table 标签之后。只能对每个表格定义一个标题，通常这个标题会被居中于表格之上。

修改实例代码 9-1，在<table border="1" > 的后面添加下列代码：

```
<caption>学生信息表</caption>
```

修改后的页面中表格效果如图 9-3 所示。

学生信息表

姓名	性别	年龄	专业
张三	女	19	计算机
李四	男	19	计算机
李明	男	20	计算机

图 9-3　学生信息表

9.3　设置单元格——th 元素、td 元素

9.3.1　使用 th 元素和 td 元素定义单元格

th 元素和 td 元素都是用来定义表格的单元格的，其中 th 元素定义的单元格中的数据会加粗和居中，常常用来作为表格的表头。表头又分为垂直和水平的表头。

实例代码 9-3：

```
<!DOCTYPE html>
<html>
    <head>
        <meta charset="UTF-8">
        <title></title>
    </head>
    <body>
        <table border="1">
```

```
    <caption>水平表头</caption>
    <tr>
        <th>姓名</th>
        <th>性别</th>
        <th>年龄</th>
        <th>专业</th>
    </tr>
    <tr>
        <td>张三</td>
        <td>女</td>
        <td>19</td>
        <td>计算机</td>
    </tr>
    <tr>
        <td>李四</td>
        <td>男</td>
        <td>19</td>
        <td>计算机</td>
    </tr>
    <tr>
        <td>李明</td>
        <td>男</td>
        <td>20</td>
        <td>计算机</td>
    </tr>
</table>
<table border="1">

    <caption>垂直表头</caption>
    <tr>
        <th>姓名</th>
        <td>张三</td>
        <td>李四</td>
        <td>李明</td>
    </tr>
    <tr>
        <th>性别</th>
        <td>女</td>
        <td>男</td>
        <td>男</td>

    </tr>
    <tr>
        <th>年龄</th>
```

```
                <td>19</td>
                <td>19</td>
                <td>20</td>

            </tr>
            <tr>

                <th>专业</th>
                <td>计算机</td>
                <td>计算机</td>
                <td>计算机</td>
            </tr>
        </table>
    </body>
</html>
```

在 Chrome 浏览器中的运行效果如图 9-4 所示。

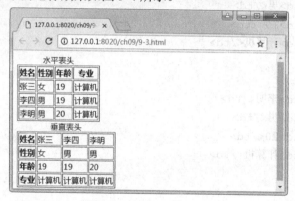

图 9-4 水平、垂直表头

9.3.2 跨多行、多列的单元格

在实际应用中，并非所有表格都是规范的几行几列，而是需要将某些单元格进行合并，以符合某种内容上的需要。在 HTML 中，合并的方向有两种：一种是上下合并，即跨行合并；一种是左右合并，即跨列合并。单元格跨行由单元格的 rowspan 属性实现，跨列由 colspan 属性实现。在 td 元素或 th 元素应用 rowspan 属性和 colspan 属性，基本用法如下：

跨行：<td rowspan="单元格跨行数"> 单元格内容 </td>

例如：<td rowspan="2">，表示该单元格跨 2 行。

跨列：<td colspan="单元格跨列数"> 单元格内容 </td>

例如：<td colspan="2">，表示该单元格跨 2 列。

实例代码 9-4：

```
<!DOCTYPE html>
<html>
    <head>
        <meta charset="UTF-8">
```

```
            <title>课程表</title>
</head>
 <body>
        <table border="2px" align="center"  width="600px" height="300px">
            <caption>课程表</caption>
            <tr align="center">
                <th>项目</th>
                <td colspan="5">上课</td>
                <td colspan="2">休息</td>
            </tr>
            <tr align="center">
                <th>星期</th>
                <th>星期一</th>
                <th>星期二</th>
                <th>星期三</th>
                <th>星期四</th>
                <th>星期五</th>
                <th>星期六</th>
                <th>星期日</th>
            </tr>
            <tr align="center">
                <th rowspan="4">上午</th>
                <td>语文</td>
                <td>数学</td>
                <td>英语</td>
                <td>英语</td>
                <td>物理</td>
                <td>计算机</td>
                <td rowspan="4">休息</td>
            </tr>
            <tr align="center">
                <td>数学</td>
                <td>数学</td>
                <td>地理</td>
                <td>历史</td>
                <td>化学</td>
                <td>计算机</td>
            </tr>
            <tr align="center">
                <td>化学</td>
                <td>语文</td>
                <td>体育</td>
                <td>计算机</td>
                <td>英语</td>
                <td>计算机</td>
            </tr>
```

```
                <tr align="center">
                    <td>政治</td>
                    <td>英语</td>
                    <td>体育</td>
                    <td>历史</td>
                    <td>地理</td>
                    <td>计算机</td>
                </tr>
                <tr align="center">
                    <th rowspan="2">下午</th>
                    <td>语文</td>
                    <td>数学</td>
                    <td>英语</td>
                    <td>物理</td>
                    <td>计算机</td>
                    <td>英语</td>
                    <td rowspan="2">休息</td>
                </tr>
                <tr align="center">
                    <td>数学</td>
                    <td>数学</td>
                    <td>地理</td>
                    <td>历史</td>
                    <td>化学</td>
                    <td>计算机</td>
                </tr>
            </table>
        </body>
</html>
```

在 Chrome 浏览器中的运行效果如图 9-5 所示。从中可以看到，上午、下午、上课、休息四项都跨过多行或多列。

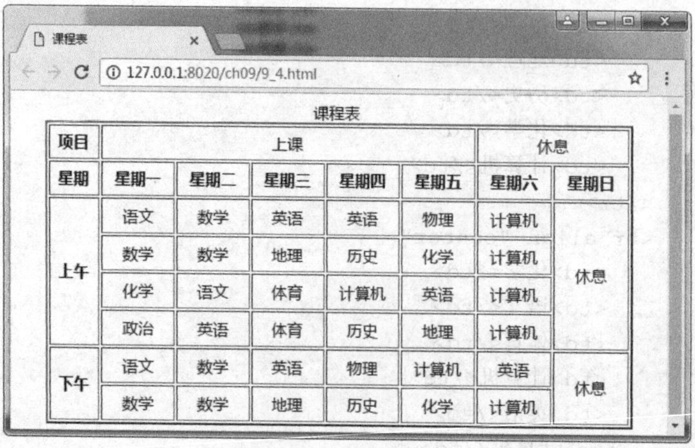

图 9-5　课程表

9.4　表格的按行分组显示——thead 元素、tfoot 元素、tbody 元素

从表格结构的角度来看，可以把表格按行进行分组，称为"行组"。不同的行组具有不同的意义。行组分为三类：表头、主体、脚注。这三者对应 HTML 中的<thead>、<tbody>、<tfoot>。

使用<thead>、<tbody>、<tfoot>分类后，使浏览器可以支持独立于表格标题和页脚的表格正文滚动。当长的表格被打印时，表格的表头和页脚可被打印在包含表格数据的每张页面上。

分组后，可以设置每组的样式。例如，在下面的例子中，<thead>和<tfoot>部分的背景设置为了 gray。

实例代码 9-5：

```html
<!DOCTYPE html>
<html>
    <head>
        <meta charset="UTF-8">
        <title>行组 thead tbody tfoot</title>
    </head>
    <body>
        <table border="1" align="center" width="500px">
        <caption>学生成绩单</caption>
        <thead bgcolor="gray">
            <tr>
                <th>姓名</th>
                <th>性别</th>
                <th>成绩</th>
            </tr>
        </thead>
        <tfoot bgcolor="gray">
            <tr align="center">
                <td>平均分</td>
                <td colspan="2">540</td>
            </tr>
        </tfoot>
        <tbody>
            <tr align="center">
                <td>张三</td>
                <td>男</td>
                <td>560</td>
            </tr>
            <tr align="center">
                <td>李四</td>
                <td>男</td>
```

```
                <td>520</td>
            </tr>
            <tr align="center">
                <td>张三</td>
                <td>女</td>
                <td>540</td>
            </tr>
        </tbody>
    </table>
</body>
</html>
```

在 Chrome 浏览器中的运行效果如图 9-6 所示。

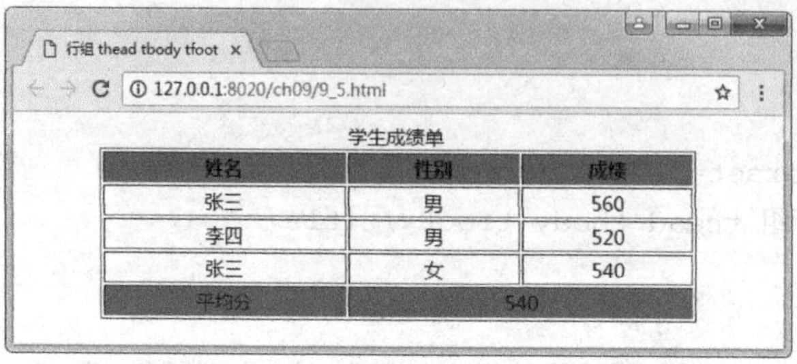

图 9-6　成绩单表格

注意：如果使用 thead、tfoot 及 tbody 元素，就必须使用全部的元素。它们的出现次序是 thead、tfoot、tbody，这样浏览器就可以在收到所有数据前呈现页脚了。必须在 table 元素内部使用这些标签。

9.5　表格的按列分组显示——colgroup 元素、col 元素

在前面的例子中，我们改变整行的背景或者排列方式，是直接在<tr>元素上添加相应属性。如果需要改变整列的样式，则要用到 colgroup 元素和 col 元素。

1. colgroup 元素

<colgroup> 标签用于对表格中的列进行组合，以便对其进行格式化。

通过使用 <colgroup> 标签，可以向整个列应用样式，而不需要重复为每个单元格或每一行设置样式。

说明：

（1）只能在 <table> 元素之内，在任何一个 <caption> 元素之后，在任何一个 <thead>、<tbody>、<tfoot>、<tr> 元素之前使用 <colgroup> 标签。

（2）如果想对 <colgroup> 中的某列定义不同的属性，请在 <colgroup> 标签内使用 <col> 标签。

2. col 元素

<col> 标签规定了 <colgroup> 元素内部每一列的列属性。

通过使用 <col> 标签，可以向整个列应用样式，而不需要重复为每个单元格或每一行设

置样式。

　　<colgroup>标签、<col>标签都有 span 属性，用来表示该<colgroup>元素或<col>元素横跨的列数。

　　实例代码 9-6：

```
<!DOCTYPE html>
<html>
    <head>
        <meta charset="UTF-8">
        <title>表格的列分组 colgroup</title>
    </head>
    <body>
    <table width="50%" border="1">
    <colgroup span="1" style="background-color: #999999;"></colgroup>
    <colgroup span="3" style="background-color:#eeeeee;">
        <col span="2">
        <col style="background: #999999;">
    </colgroup>
    <tr>
        <th>编号</th>
        <th>书名</th>
        <th>作者</th>
        <th>价格</th>
    </tr>
    <tr>
        <td>1</td>
        <td>HTML5 实例讲解</td>
        <td>王芳</td>
        <td>$53</td>
    </tr>
    <tr>
        <td>2</td>
        <td>CSS3 实例讲解</td>
        <td>王明</td>
        <td>$47</td>
    </tr>
    <tr>
        <td>3</td>
        <td>JavaScript 实例讲解</td>
        <td>王平</td>
        <td>$50</td>
    </tr>
</table>
    </body>
```

```
</html>
```

在 Chrome 浏览器中的运行效果如图 9-7 所示。

编号	书名	作者	价格
1	HTML5实例讲解	王芳	$53
2	CSS3实例讲解	王明	$47
3	JavaScript实例讲解	王平	$50

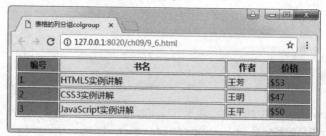

图 9-7　图书信息表

本章小结

表格可以清晰地显示被列成表的数据，是制作网页不可缺少的元素。本章介绍了页面中表格的各种 HTML 标签，如表格标签<table>、行标签<tr>、单元格标签<td>、标题标签<caption>等，以及跨行跨列的处理方法和分组设置表格列样式的处理方法。最后通过一个实例展示了如何使用 CSS 实现对表格样式的设置，从而制作出美观、精致的表格效果。

练习与实训

1．编写代码，实现如图 9-8 所示的表格。

姓名	电话	传真
Bill Gates	555 77 854	555 77 855

图 9-8　带表头的表格

2．编写代码，实现如图 9-9 所示的表格。

意大利		英格兰		西班牙	
AC米兰	佛罗伦萨	曼联	纽卡斯尔	巴塞罗那	皇家社会
尤文图斯	桑普多利亚	利物浦	阿申纳	皇家马德里	……
拉齐奥	国际米兰	切尔西	米德尔斯堡	马德里竞技	……

图 9-9　多列合并的表格

第 10 章 | 网页表单设计

本章导读

表单是 HTML 页面中最常用的组件。表单主要实现数据采集的功能，可以采集浏览者的相关数据，如常见的登录表、调查表和留言表。在 HTML5 中，表单拥有多个新的表单输入类型，这些新特性提供了更好的输入控制和验证。本章详细介绍表单的用途、属性，表单中常用的输入类控件、多行文本控件、选择框控件等内容。

10.1 熟悉表单属性

10.1.1 表单的用途

表单在网页中主要实现数据采集功能，它可以把用户输入的信息传递到 Web 服务器。因此，表单是实现客户端浏览器与远程服务器之间交互的重要元素。在互联网上，表单被广泛用于各类信息的收集和反馈。

例如，图 10-1 是一个用于淘宝网站的登录的表单，在文本框中输入淘宝账户和密码，单击"登录"按钮，则填写的表单内容账户和密码将被传送到远程的 Web 服务器，由服务器进行具体处理，根据账户和密码的正确情况确定下一步的操作。

在互联网中存在各种各样的表单，如购物网站中，搜索商品、添加购物车、提交订单、注册账号等都是在表单中填写相关信息，然后单击相应的按钮完成信息提交。再如，互联网上的调查表、火车飞机购票查询等都是表单实现的。图 10-2 为 QQ 的注册表单，在这个表单中包括了表单中的常用控件：文本框、密码框、选择框、单选框、下拉列表框、提交按钮等。

图 10-1 淘宝登录页面

不管是什么类型的表单，它的基本工作原理都是一样的。浏览者访问表单页面时，在表单中输入必要的信息，然后单击"提交"按钮（也可能是其他名称的按钮，如"注册"、"登录"、"计算"等），将输入信息按照一定的方式通过网络传送到远程服务器，由服务器的特定程序进行处理，并将处理结果以页面的形式返回给浏览器。

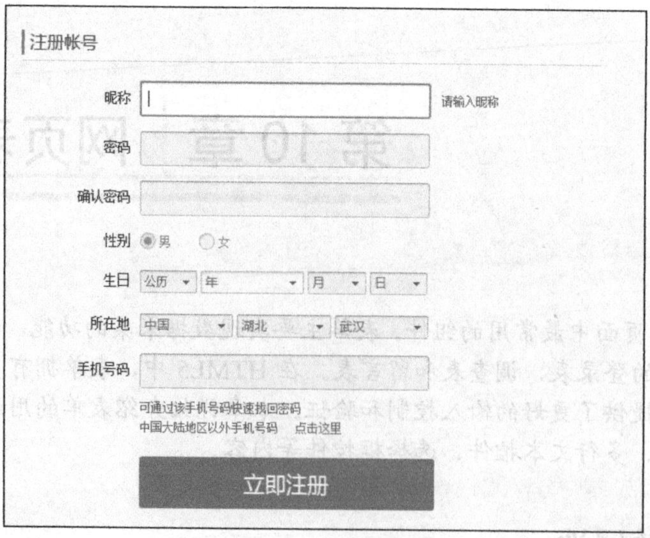

图 10-2　QQ 注册表单

10.1.2　表单的属性设置

可用<form>标记来定义一个表单，表单的基本语法格式如下：

```
<form 表单标记的各种属性设置>
    设置各种表单元素
</form>
```

实例代码 10-1：

```
<!DOCTYPE html>
<html>
    <head>
        <meta charset="UTF-8">
        <title>登录页面</title>
    </head>
    <body>
        <form>
            <h3>用户登录</h3>
             用户名称
            <input type="text" name="user">
            <br> 用户密码
            <input type="password" name="password">
            <br>
            <input type="submit" value="登录">
        </form>
    </body>
</html>
```

在 Chrome 浏览器中的运行效果如图 10-3 所示。

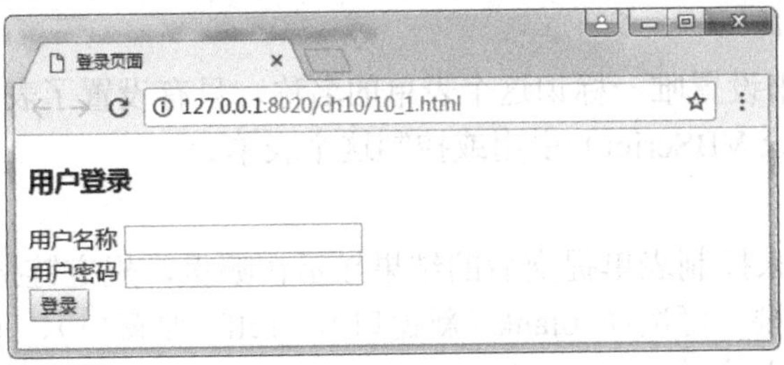

图 10-3　用户登录表单

表单标记的各种属性如表 10-1 所示。

表 10-1　表单属性

属　　性	描　　述
action	规定向何处提交表单的地址（URL）（提交页面）
method	规定在提交表单时所用的 HTTP 方法（默认：GET）
name	规定识别表单的名称（对于 DOM 使用：document.forms.name）
accept-charset	规定在被提交表单中使用的字符集（默认：页面字符集）
autocomplete	规定浏览器应该自动完成表单（默认：开启）
enctype	规定被提交数据的编码（默认：url-encoded）
novalidate	规定浏览器不验证表单
target	规定 action 属性中地址的目标（默认：_self）

例如：

```
<form action="action_page.php" method="GET" target="_blank" accept-charset="UTF-8"
ectype="application/x-www-form-urlencoded" autocomplete="off" novalidate>
表单元素
</form>
```

下面对重点表单属性进行描述。

1．action 属性

action 属性设置处理表单数据的方式，可以指定处理这个表单的动态页或脚本路径，也可以设置表单数据将会发送到的 E-mail 地址。例如，将实例代码 10-1 中的代码进行如下修改：`<form action="check.jsp">`，表示表单提交的数据将会提交给与当前 HTML 页面在同一目录下的 check.jsp 动态页面进行处理。

2．method 属性

method 用于设置表单内容向服务器提交时数据的传送方式。method 属性有两个可选值：get 和 post，默认情况下为 get。

（1）get 提交方式：要传送的数据会被附加在 URL 之后，被显示在浏览器的地址栏中，而且被传送的数据通常不超过 255 个字符。这种方式是 method 默认的值，但对数据的保密性差，不安全。

（2）post 提交方式：以数据流的形式传送表单数据，数据不会显示在地址栏，安全性高，但速度相对比较慢。

3. name 属性

name 属性主要用来设置唯一标识这个表单的名称，只有设置了表单名称，才可以使用脚本语言（如 JavaScript 或 VBScript）引用或控制这个表单。

4. target 属性

target 属性主要用来控制表单提交后的结果显示在哪里，规定链接的一种打开方式。在 HTML 中，根据实际需要，可选择_blank（新窗口）、_self（原窗口）、_parent（父窗口）、_top（最外层窗口）四种打开方式。

5. enctype 属性

enctype 属性设置对提交服务器的表单数据进行处理所使用的 MIME 编码类型，默认设置是使用 applicaion/x-www-form-urlencoded，大多数情况都使用此类型。如果用于上传文件或图片等，则应该选择 multipart/form-data。如果在这个表单内添加了文件域，则表单的 MIME 类型会自动设置为 multipart/form-data。

为了演示表单的实际用法，这里编写了一个 JspWeb 应用程序。在 Web 应用程序中，包含 10_1.html 和 check.jsp 文件。其主要功能为，在登录页面输入用户名和密码，单击登录按钮，则提交给 check.jsp 页面进行处理，显示刚刚输入的用户名和密码。

修改 10_1.html 中<form>表单部分，添加 action 属性，代码如下：

```
<form action="check.jsp">
```

在 check.jsp 文件中编写如下代码：

```
<body>
  <% String username= request.getParameter("user");
    String password = request.getParameter("password");
  %>
  <p>用户名为: <%= username %></p>
  <p>用户名为: <%= password %></p>
</body>
```

部署后，运行效果如图 10-4 所示。

图 10-4　表单提交效果

10.2　基本元素的应用

在表单中，最常见的表单控件是 input，这一类的表单控件被称为输入类控件。常见的文本输入框、选择框等都使用该标签。其语法结构如下：

```
<input name="field _name" type="type_name">
```

根据 type 属性的不同取值可以得到不同类型的输入组件，表 10-2 为 type 属性的取值及其描述。

表 10-2   input 的 type 属性的取值及其描述

type 属性	描　述
text	默认。定义一个单行的文本字段（默认宽度为 20 个字符）
password	定义密码字段（字段中的字符会被遮蔽）
radio	单选框
checkbox	复选框
file	文件上传框
button	普通按钮
reset	重置按钮
submit	提交按钮
hidden	隐藏域
image	图像域（图像提交按钮）

实例代码 10-2：

```html
<!DOCTYPE html>
<html>
    <head>
        <meta charset="UTF-8">
        <title>表单基本元素的应用</title>
    </head>
    <body>
        <h1>个人信息</h1>
        <form action="" method="get" name="">
            <fieldset>
                <legend>基本信息 </legend>
                <label for="username">用户名 : </label>
                <input type="text" name="username" id="username" value="name"><br>
                <label for="password">密码: </label>
                <input type="password" name="password" id="password"  maxlength="8"><br>
                <label> 性别: </label>
                <input type="radio" name="sex" value="female">女
                <input type="radio" name="sex" value="female">男 <br>
                <label for="photo">请上传你的照片: </label>
                <input type="file" name="photo" id="photo"><br>
            </fieldset>
            <fieldset>
                <legend>个人资料 </legend>
                <p>请选择你喜欢的音乐 (可多选):
```

```html
        <input type="checkbox" name="music" id="rock" value="rock" checked>
        <label for="rock">摇滚乐 </label>
        <input type="checkbox" name="music" id="jazz" value="jazz">
        <label for="jazz">爵士乐</label>
        <input type="checkbox" name="music" id="pop" value="pop">
        <label for="pop">流行乐 </label>
    </p>
    <p>请选择你居住的城市：
        <input type="radio" name="city" id="beijing" value="beijing" checked>
        <label for="beijing">北京 </label>
        <input type="radio" name="city" id="shanghai" value="shanghai">
        <label for="shanghai">上海 </label>
        <input type="radio" name="city" id="nanjing" value="nanjing">
        <label for="nanjing">南京 </label>
    </p>

    <label for="habit">你的兴趣爱好(可多选)： </label>
    <br>
    <select name="habit" id="habit" size="4" multiple style="width: 100px;">
        <option value="game" selected>游戏 </option>
        <option value="movie">电影</option>
        <option value="shop">购物 </option>
        <option value="draw">画画 </option>
        <option value="ball">足球 </option>
    </select>
    <p>
        <label for="season">请选择你最喜欢的季节： </label>
        <select name="season" id="season">
            <option value="spring" selected>春</option>
            <option value="summer">夏</option>
            <option value="autumn">秋</option>
            <option value="winter">冬</option>
        </select>
    </p>
</fieldset>
<label for="comment">自我介绍</label> <br />
<textarea name="comment" id="comment" rows="5" cols="40"></textarea>
<br>
<input type="hidden" name="method" value="delete">
<input type="image" src="img/play.jpg">
<br>
```

```
        <p>
            <input type="button" value="关闭窗口" onClick="window.close()"/>
            <input type="submit" name="submit" value="修改"/>
            <input type="reset" name="reset" value="重置"/>
        </p>
    </form>
</body>
</html>
```

在 Chrome 浏览器中的运行效果如图 10-5 所示。

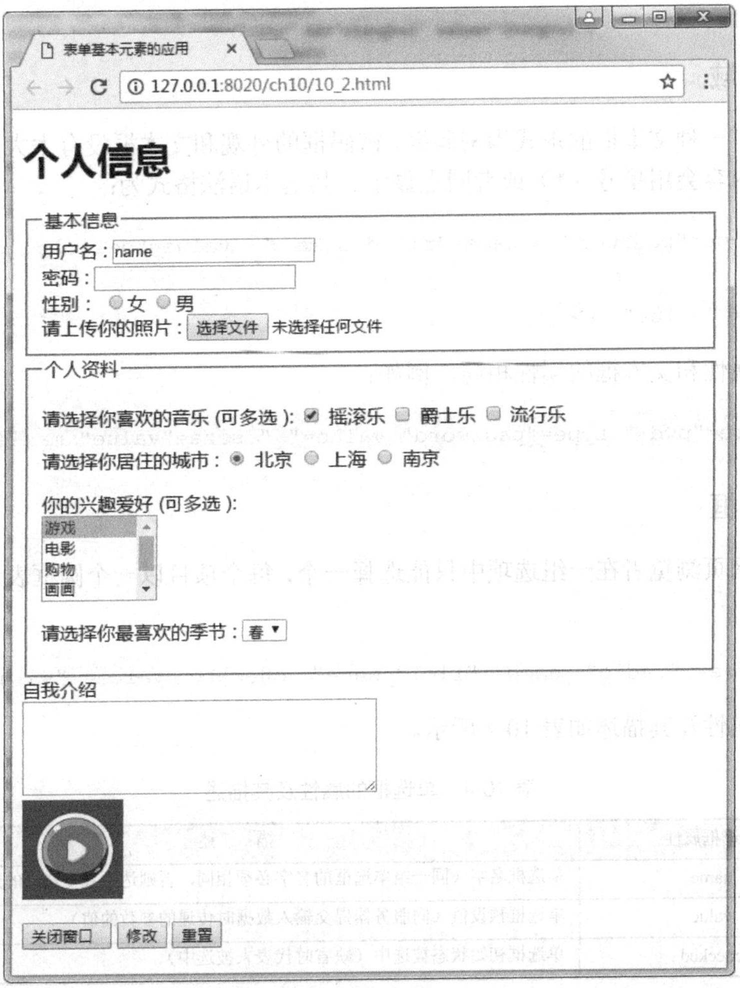

图 10-5　表单元素的应用

10.2.1　文本框

文本框提供最常用的文本输入功能，它可以包含一行无格式的文本。其基本语法为：

```
<input name="field_name" type="text " value="default_value" size="value"
```

```
maxlength="value">
```

文本框的属性及其描述如表 10-3 所示。

表 10-3　文本框的属性及其描述

文本框属性	描　　述
name	文本框的名字，这个值是必需的（向服务器提交输入数据时传递的参数的名称）
value	文本框的默认值（向服务器提交输入数据时传递的参数的值）
size	文本框的宽度
maxlength	文本框的最大输入字符数

10.2.2　密码域

表单中还有一种文本框的形式为密码框，密码框的外观和文本框没有太大区别，但是在该控件中输入的内容会用星号（*）或者圆点显示。其基本语法格式为：

```
<input   type="password"   name="field_name "   value="default   value" size=
"value"
  maxlength= "value"  />
```

密码框的属性和文本框的属性相同，例如：

```
<input name="pwd " type="password" value=" " size="value" maxlength="6 ">
```

10.2.3　单选框

单选框让网页浏览者在一组选项中只能选择一个，每个项目以一个圆框表示。其基本语法格式为：

```
<input  type= "radio"  name= "field_name"  checked  value= "value"  />
```

单选框的属性及其描述如表 10-4 所示。

表 10-4　单选框的属性及其描述

单选框属性	描　　述
name	单选框名字（同一组单选框的名字必须相同，否则达不到多选一的效果）
value	单选框预设值（向服务器提交输入数据时传递的参数的值）
checked	单选框初始状态被选中（缺省时代表未被选中）

实例代码 10-3：

```
<!DOCTYPE html>
<html>
  <head>
    <meta charset="UTF-8">
```

```
            <title>单选框实例</title>
        </head>
    <body>
        <form>
            请选择您感兴趣的图书类型：
            <br>
            <input type="radio" name="book" value="Book1">网站编程<br>
            <input type="radio" name="book" value="Book2" checked>办公软件<br>
            <input type="radio" name="book" value="Book3">设计软件<br>
            <input type="radio" name="book" value="Book4">网络管理<br>
            <input type="radio" name="book" value="Book5">黑客攻防<br>
        </form>
    </body>
</html>
</body>
</html>
```

代码运行效果如图 10-6 所示。

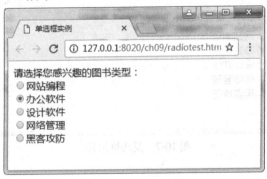

图 10-6　单选框组件

10.2.4　复选框

复选框主要是让网页浏览者在一组选项里可以同时选择多个选项。每个复选框都是一个独立元素，在同一组的复选框必须使用同一个名称。其基本语法格式为：

```
<input type= "checkbox" name= "field_name" checked value= "value" />
```

复选框属性值的含义与单选框属性值的含义类似，此处不再列举。

实例代码 10-4：

```
<!DOCTYPE html>
<html>
    <head>
        <meta charset="UTF-8">
        <title>复选框实例</title>
    </head>
```

```
<body>
    <form>
        请选择您感兴趣的图书类型：
        <br>
        <input type="checkbox" name="book" value="Book1">网站编程<br>
        <input type="checkbox" name="book" value="Book2" checked>办公软件<br>
        <input type="checkbox" name="book" value="Book3" checked="checked">
设计软件<br>
        <input type="checkbox" name="book" value="Book4">网络管理<br>
        <input type="checkbox" name="book" value="Book5">黑客攻防<br>
    </form>
</body>
</html>
```

代码运行效果如图 10-7 所示。

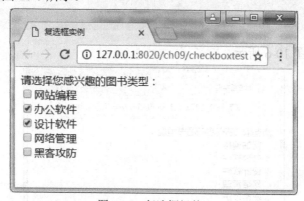

图 10-7　复选框组件

10.2.5　普通按钮

普通按钮用来控制其他定义了处理脚本的处理工作。其基本语法格式为：

```
<input type="button" name="button _name" value="text" onClick="js脚本"/>
```

value 属性定义按钮上的显示文本。

例如，在实例代码 10-2 中，下列代码表示若单击该按钮，则关闭本页面。

```
<input type="button" value="关闭窗口" onClick="window.close()">
```

再看下列实例。

实例代码 10-5：

```
<!DOCTYPE html>
<html>
    <head>
        <meta charset="UTF-8">
        <title>普通按钮实例</title>
    </head>
```

```
    <body>
        <form>
            点击下面的按钮，把文本框 1 的内容拷贝到文本框 2 中：
            <br/> 文本框 1：<input type="text" id="field1" value="点击将会复制我！">
            <br/> 文本框 2：<input type="text" id="field2">
            <br/>
            <input type="button" name="..." value="单击我" onClick= "document.get
ElementById('field2').value=document.getElementById('field1').value">
        </form>
    </body>
</html>
```

运行效果如图 10-8 所示。

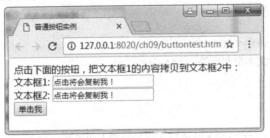

图 10-8　普通按钮的单击事件

10.2.6　提交按钮

提交按钮用来将输入的信息提交到服务器。其基本语法格式为：

```
<input type= "submit" name= "button _name" value= "text" />
```

例如，实例代码 10-2 中的"提交"按钮代码如下：

```
<input type="submit" name="submit" value="修改"/>
```

10.2.7　重置按钮

重置按钮又称为复位按钮，用来重置表单中输入的信息，将表单恢复到初始状态。其基本语法格式为：

```
<input type= "reset" name= "button _name" value= "text" />
```

例如，实例代码 10-2 中的"重置"按钮代码如下：

```
<input type="reset" name="reset" value="重置"/>
```

10.2.8　多行文本框 textarea

textarea 元素标记多行输入的文本域，它可用于数据的输入，还可用于数据的显示区域。其基本语法格式为：

```
<textarea  name= "areaname"  cols= "number"  rows= "number"  value= "value"
```

```
readonly > text   < /textarea>
```

多行文本框的属性如表 10-5 所示（name 和 value 的值与单行文本框的含义相同）。

表 10-5　textarea 的属性

多行文本框属性	描　　　述
cols	多行文本框的列数（宽度，单位是单个字符的宽度）
rows	多行文本框的行数（高度，单位是单个字符的高度）
readonly	设定多行文本框为只读，不能修改和编辑

实例代码 10-6：

```
<!DOCTYPE html>
<html>
    <head>
        <meta charset="UTF-8">
        <title>多行文本框和标签</title>
    </head>
    <body>
        <form>
            <label for="work">请输入您最新的工作情况</label>
            <br />
            <textarea name="yourworks" cols="50" rows="5" id="work"></textarea>
            <br>
            <input type="submit" value="提交">
        </form>
    </body>
</html>
```

运行效果如图 10-9 所示。

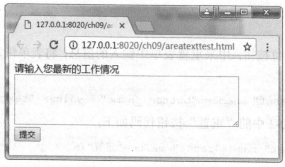

图 10-9　多行文本框组件

10.2.9　label 标签

label 是描述表单控件用途的文本。比如，在输入框的前面往往会有提示文字，这时可以使用 label 元素标记这些文字。其基本语法格式为：

```
<label  for= "idname">  文本标签   </label>
```

在多行文本框的示例中有下列代码：

```
<form>
    <label for="work">请输入您最新的工作情况</label>
    <br />
    <textarea name="yourworks" cols="50" rows="5" id="work"></textarea>
    <br>
    <input type="submit" value="提交">
</form>
```

其中 for 属性的值与关联控件的 id 值相同。关联后，当用户单击文本标签时，与之关联的表单控件将获得焦点。屏幕阅读器会将文本标签与相应的字段一起念出来。

label 元素对提升表单的可用性和可访问性有很大的帮助。

10.2.10　下拉列表框

下拉列表框允许网页浏览者从下拉式菜单中选择某一项，这是一种最节省空间的方式，正常状态下只能看到一个选项，单击选项按钮打开菜单后才能看到全部的选项。其基本语法格式为：

```
<select  size= "number" name="selectname"  multiple>
   <option  value= "string"  selected= "selected"  disabled> </option>
   …
</select>
```

下拉列表框的属性如表 10-6 所示。

表 10-6　select 的属性

下拉列表框属性	描　　述
name	select 的名字，这个值是必需的（向服务器提交输入数据时传递的参数的名称）
multiple	表示可以多项选择，显示风格为列表
size	显示的选项数目，默认为 1。=1 时，显示为下拉菜单；>1 时，显示为列表，并且当 option 项超过 size 数目时会显示滚动条
value	option 标记的选项对应的值
disabled	option 标记 disabled 表示该项不可用
selected	option 标记 selected 表示该项被选取，默认第一项被选取

实例代码 10-2 中有如下示例代码：

```
<select name="habit" id="habit" size="4"  multiple  style="width: 100px;">
        <option value="game" selected>游戏 </option>
        <option value="movie">电影</option>
        <option value="shop">购物 </option>
        <option value="draw">画画 </option>
        <option value="ball">足球 </option>
    </select>
```

```
<p>
    <label for="season">请选择你最喜欢的季节：</label>
    <select name="season" id="season">
        <option value="spring" selected>春</option>
        <option value="summer">夏</option>
        <option value="autumn">秋</option>
        <option value="winter">冬</option>
    </select>
</p>
```

显示效果如图 10-10 所示。

图 10-10　下拉列表框

10.2.11　其他基本元素

在实例代码 10-2 中除了以上讲解的元素外，还有几个基本元素。

1. 图像提交按钮

使用默认按钮形式会让人觉得很单调，如果网页使用了较为丰富的色彩，或稍微复杂的设计，再使用表单默认的按钮形式就会破坏整体的美感。这时，可以创建和网页整体效果相统一的图像提交按钮。图像提交按钮是指可以用在提交按钮位置上的图片，这幅图片具有按钮的功能。其基本语法格式为：

```
<input type= "image" name= "imagename"  src= "URL" align=  " ">
```

读者可以单击实例 10-2 中的图像按钮，可以看到同样地会提交表单。

2. 隐藏域

当从表单收集的信息被传送到远程服务器时，可能要发送一些不适合被用户看见的数据。这些数据有可能是后台程序需要的一个用于设置表单收件人信息的变量，也可能是在提交表单后后台程序将要重新发至用户的一个 URL。要发送这类不能让表单使用者看到的信息，必须使用一个隐藏表单对象——隐藏域。其基本语法格式为：

```
<input type= "hidden" name= "hiddenname" value= " value">
```

例如，在实例 10-2 中有如下代码：

```
<input type="hidden" name="method" value="delete">
```

当我们浏览页面时，并没有发现该组件，但是提交表单时，我们可以在地址栏中看到 method=delete 的参数。

3. fieldset

如果表单上有很多信息需要填写，可以使用 fieldset 标记将相关的元素组合在一起并称为一个组，并且可以给组提供一个标题，从而使表单更容易理解。其基本语法格式为：

```
<fieldset>
    <legend>分组标题 </legend>

</fieldset>
```

一个表单中可以有多个 fieldset 组，每个组中可以使用 legend 标记为组设置标题，legend
不是必需的，但是它可以提高表单的可访问性。在实例 10-2 中就将表单分成了多个组。

10.3 表单高级元素的使用

除了一些基本元素外，HTML5 中还有一些高级元素，包括 datalist、url、email、time 等。
低版本的浏览器并不支持这些高级属性。

10.3.1 url 类型元素

url 元素是用来说明网站地址的，显示为一个文本字段，在其中输入 URL 地址，在提交时
会自动验证 url 的值。其基本语法格式为：

```
<input  type= "url"  name= " field_name" />
```

实例代码 10-7：

```
<!DOCTYPE html>
<html>
    <head>
        <meta charset="UTF-8">
        <title>url 实例</title>
    </head>
    <body>
        <form>
            <br/> <label for="url1">请输入网址：</label>
            <input type="url" name="userurl" id="url1" />
            <button type="submit">提交</button>
        </form>
        <p><b>Note:</b> IE9 及更早版本不支持 url 元素。</p>
    </body>
</html>
```

运行效果如图 10-11 所示。在输入框输入相应内容，然后单击"提交"按钮，如果不是正
确的网址将会弹出提示内容。

图 10-11 url 类型元素

10.3.2　email 类型元素

与 url 元素类似，email 元素用于让浏览者输入 E-mail 地址，在提交表单时，会自动验证 email 域的值。其基本语法格式为：

```
<input type= "email" name= " field_name" />
```

实例代码 10-8：

```
<!DOCTYPE html>
<html>
    <head>
        <meta charset="UTF-8">
        <title>email 实例</title>
    </head>
    <body>
        <br />
        <form >
            E-mail:
            <input type="email" name="email">
            <input type="submit">
        </form>
        <p>    <b>Note:</b>IE9 及更早版本不支持该元素。</p>
    </body>
</html>
```

在输入框中输入"sony"后，单击"提交"按钮，将会弹出提示内容，如图 10-12 所示。

图 10-12　email 类型元素

10.3.3　number 类型元素

number 元素提供一个可以输入数字的输入框，用户可以直接输入数值，或者通过单击输入框旁边向上或向下的按钮来选取数值。其基本语法格式为：

```
<input    type= "number"    name= " field_name"    min="value"    max="value"
step="value" value="value " />
```

number 元素的属性及其含义如表 10-7 所示。

表 10-7 number 的属性及其含义

属　性	描　述
min	数字控件能取的最小值
max	数字控件能取的最大值
step	步长
value	预设值

实例代码 10-9：

```
<!DOCTYPE html>
<html>
    <head>
        <meta charset="UTF-8">
        <title>number 实例</title>
    </head>
    <body>
        <form>
            质量:
            <input type="number" name="points" min="0" max="100" step="10"
value="30"/>
            <input type="submit"/>
        </form>
    </body>
</html>
```

运行效果如图 10-13 所示。如果输入的值不在范围内，则会弹出提示框。

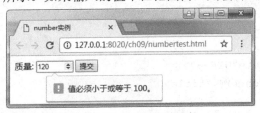

图 10-13 number 类型元素

10.3.4 range 类型元素

range 元素显示为一个滑条控件。与 number 元素一样，用户可以使用 max、min、step 属性来控制控件的范围，其含义与 number 元素的属性一致。其基本语法格式为：

```
<input  type= "range"  name= " field_name" min="value" max="value" step="value"
value="value " />
```

实例代码 10-10：

```
<!DOCTYPE html>
<html>
```

```
    <head>
        <meta charset="UTF-8">
        <title>range 实例</title>
    </head>
    <body>
        <form>
            <br/> 英语成绩公布了！我的成绩与名次为：
            <br/>
            <input type="range" name="ran" min="1" max="10"  />
            <input type="submit" />
        </form>
    </body>
</html>
```

运行效果如图 10-14 所示。

图 10-14　range 类型元素

10.3.5　search 类型元素

search 元素即搜索域，在输入框的右边会出现一个关闭按钮。

实例代码 10-11：

```
<!DOCTYPE html>
<html>
    <head>
        <meta charset="UTF-8">
        <title>search 实例</title>
    </head>
    <body>
        <form >
            Search Baidu:
            <input type="search" name="baidusearch">
            <input type="submit">
        </form>
    </body>
</html>
```

运行效果如图 10-15 所示。显示样式和 text 很像，但是在输入内容后会出现一个取消按钮，单击此取消按钮或按 Esc 键可清除输入的文本。

图 10-15　search 类型元素

10.3.6　color 类型元素

color 元素可以让浏览者打开颜色对话框，选择颜色。其基本语法格式为：

```
<input type= "color" name= " field_name" value="colorvalue " />
```

实例代码 10-12：

```
<!DOCTYPE html>
<html>
    <head>
        <meta charset="UTF-8">
        <title>color 实例</title>
    </head>
    <body>
        <form>
            选择你喜欢的颜色:
            <input type="color" name="favcolor" value="#FFFF00" />
            <input type="submit" />
        </form>
    </body>
</html>
```

运行效果如图 10-16（a）所示，单击颜色框，将会打开"颜色"对话框，如图 10-16（b）所示。

（a）color 类型元素

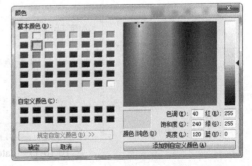

（b）"颜色"对话框

图 10-16　color 类型元素的应用

10.3.7　日期和时间元素

在 HTML5 中，新增了一些日期和时间输入类型，包括 date、datetime、datetime-local、month、week 和 time。它们的具体含义如表 10-8 所示。

表 10-8　时间日期类型

类　　型	描　　　　述
date	选取年、月、日
datetime	选取年、月、日、时间
month	选取年、月
week	选取年、周
time	选取时间
datetime-local	选取年、月、日、时间（本地时间）

上述类型的代码格式和运行效果彼此类似，故在此以 date 元素为例。代码格式如下：

```
<input type= "date" name= " field_name" />
```

实例代码 10-13：

```
<!DOCTYPE html>
<html>
    <head>
        <meta charset="UTF-8">
        <title>date 实例</title>
    </head>
    <body>
        <form >
            输入你的生日：
            <input type="date" name="bday">
            <input type="submit">
        </form>
    </body>
</html>
```

运行效果如图 10-17 所示。

图 10-17　date 类型元素

10.3.8　datalist 标签

datalist 标签是 HTML5 中新增的一个标签。当我们需要文本框提供自动输入的功能时，可以选择使用 datalist 标签。

<datalist>标记很像<select>标记，它里面可以放置多个<option>元素，而且也呈现出下拉

列表的样子,但它显示的地方不一样。它只是一个数据容器,需要使用<input>元素用 list 属性引用<datalist>列表。于是这个<input>不仅可以直接输入数据,而且可以从下拉列表中选择数据。其基本语法格式为:

```
<input list="datalist_id" name="field_name ">
<datalist id="datalist_id">
        <option value="string">
            ...
    </datalist>
```

实例代码 10-14:

```
    <!DOCTYPE html>
<html>
    <head>
        <meta charset="UTF-8">
        <title>datalist 实例</title>
    </head>
    <body>
        <form>
        <p>
            浏览器版本:<input list="words" name="browser">
        </p>
        <datalist id="words">
        <option value="Internet Explorer">
        <option value="Firefox">
        <option value="Chrome">
        <option value="Opera">
        <option value="Safari">
        <option value="Sogou">
        <option value="Maxthon">
        </datalist>
        <button type="submit">提交</button>
        </form>
    </body>
</html>
```

运行效果如图 10-18 所示。

当在文本框中输入 i 时,菜单中只会呈现"Internet Explorer"。与 select 不同的是:select 只能选择菜单中的值,而使用 datalist 的文本框中,浏览者可以随意输入任何值。

图 10-18　datalist 标签

10.3.9　input 表单控件新增属性

1. formaction 属性和 formethod 属性

HTML5 允许在一个表单中添加多个提交

按钮，并且可以给每个提交按钮添加 formaction 属性，指定单击不同的按钮时将表单提交到不同的页面，还可以通过 formmethod 属性指定不同的提交方式。例如：

```
<input type="submit" value="登录" formaction="load.html" formmethod="get" />
<input type= "submit" value= "注册"formaction="register.html"
formmethod= "post" />
```

以上两个提交按钮分别以不同的方式提交给不同的文件。

2. autocomplete 属性

autocomplete 属性表示自动完成功能。当用户提交过一次表单后再次加载访问时，在表单控件的输入框中会提示曾输入的值。autocomplete 适用于<form>标签，以及以下类型的 <input> 标签：text、search、url、telephone、email、password、datepickers、range 和 color。例如：

```
<form action= "" method= "get" autocomplete= "on">
    <label  for= "name"> Name:< /label>
    <input type= "text" name= "name" id= "name" placeholder= "请输入用户名"
autofocus required  />
    <br />
    <label  for= "email"> E- mail:< /label>
    <input  type= "email" name= "email" id= "email" autocomplete= "off" />
</form>
```

3. novalidate 属性

novalidate 属性是一个 boolean（布尔）属性，它规定在提交表单时不应该验证 form 或 input 域。例如：

```
<form action="" method="get" novalidate="true">
    E- mail: <input type="email" name="user_email" />
    <input type="submit" />
</form>
```

以上代码表示无论在电子邮件输入框中输入什么值，提交表单时都不会验证。

4. placeholder 属性

placeholder 属性提供一种提示（hint），描述输入域所期待的值。简短的提示在用户输入值前会显示在输入域中。placeholder 属性适用于以下类型的 <input> 标签：text、search、url、telephone、email 和 password。例如：

```
<input type="text" name="fname" placeholder="First name">
```

5. autofocus 属性

autofocus 属性是一个 boolean 属性。autofocus 属性规定在页面加载时，域自动地获得焦点。如下列代码，input 输入域在页面载入时自动聚焦。

```
用户名: <input type="text" name="username" autofocus/>
```

6. required 属性

required 属性是一个 boolean 属性。required 属性规定必须在提交之前填写输入域（不能为空）。

required 属性适用于以下类型的 <input> 标签：text、search、url、tel、email、password、 date pickers、number、checkbox、radio 和 file。如下列代码中，用户名必须输入，不能为空。

```
用户名: <input type="text" name="username" required/>
```

7. pattern 属性

pattern 属性描述了一个正则表达式用于验证<input>元素的值。pattern 属性适用于以下类型的<input>标签: text、search、url、tel、email 和 password。如下列代码中，在文本框中只能输入包含三个字母的文本（不含数字及特殊字符）。

```
Country code: <input type="text" name="country_code" pattern="[A-Za-z]{3}"
title="Three letter country code">
```

10.4 综合实例——创建用户反馈表单

本例是一个用户反馈表单，采用了 CSS 的代码来美化表单。具体的运行效果如图 10-19 所示。

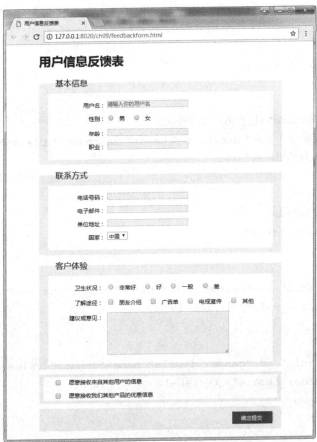

图 10-19 用户反馈表单效果

制作页面的具体操作步骤如下。

（1）完成 HTML 文件的结构内容部分。

① 新建页面，在 title 标记中输入"用户信息反馈表"，作为页面标题。

② 使用 id 为 wrapper 的 div 将 body 内的所有元素包裹起来。

③ 在表单中，将所有控件用 4 个 fieldset 元素分成 4 组。

④ 每个表单区域中的表单控件由无序列表 ul 来阻止。

⑤ 表单控件左侧文字使用 label 标签。

HTML 代码如下：

```html
<!DOCTYPE html>
<html>
<head>
<meta charset="UTF-8">
<title>用户信息反馈表</title>
</head>
<body>
<div id="wrapper">
<h1>用户信息反馈表</h1>
<form method="post" action="" id="feedback" name="feedback">
<! -基本信息开始    -->
<fieldset>
<legend>基本信息 </legend>
<ul>
<li>
<label for="username">用户名: </label>
<input type=" text " id=" username " name=" username " class=" large " required
placeholder="请输入你的用户名" />
</li>
<li>
<label>性别: </label>
<fieldset class="radios">
<ul>
<li>
<input type="radio" id="gender_male" name="gender" value="male" />
<label for="gender_male">男</label>
</li>
<li>
<input type="radio" id="gender_female" name="gender" value="female" />
<label for="gender_female">女</label>
</li>
</ul>
</fieldset>
</li>
<li>
<label for="age">年龄: </label>
<input name="age" type="text" class="large" id="age" />
</li>
```

```
<li>
<label for="vocation">职业： </label>
<input name="vocation" type="text" class="large" id="vocation" />
</li>
</ul>
</fieldset>
<! -基本信息结束    -->

<! -联系方式开始    -->
<fieldset>
<legend>联系方式 </legend>
<ul>
<li>
<label for="telephone">电话号码： </label>
<input type="tel" id="telephone" name="telephone" class="large" />
</li><li>
<label for="email">电子邮件： </label>
<input type="email" id="email" name="email" class="large" />
</li>
<li>
<label for="street_address">单位地址： </label>
<input type="text" id="street_address" name="street_address" class="large" />
</li>
<li>
<label for="country">国家： </label>
<select name="country" class="small" id="country">
<option value="China" selected>中国 </option>
<option value="American">美国 </option>
<option value="German">德国 </option>
</select>
</li>
</ul>
</fieldset>
<! -联系方式结束    -->

<! -客户体验开始    -->
<fieldset>
<legend>客户体验 </legend>
<ul>
<li>
<label>卫生状况： </label>
<fieldset class="radios">
<ul>
<li>
```

```
<input type="radio" id="clean1" name="gender" value=" very good" />
<label for="clean1">非常好</label>
</li>
<li>
<input type="radio" id="clean2" name="gender" value=" good" />
<label for="clean2">好</label>
</li>
<li>
<input type="radio" id="clean3" name="gender" value="common" />
<label for="clean3">一般</label>
</li>
<li>
<input type="radio" id="clean4" name="gender" value="bad" />
<label for="clean4">差</label>
</li>
</ul>
</fieldset>
</li>
<li>
<label>了解途径： </label>
<fieldset class="radios">
<ul>
<li>
<input type="checkbox" id="way1" name="way" value="friend" />
<label for="way1">朋友介绍</label>
</li>
<li>
<input type="checkbox" id="way2" name="way" value=" advert" />
<label for="way2">广告单</label>
</li>
<li>
<input type="checkbox" id="way3" name="way" value="tv" />
<label for="way3">电视宣传</label>
</li>
<li>
<input type="checkbox" id="way4" name="way" value="other" />
<label for="way4">其他</label>
</li>
</ul>
</fieldset>
</li>
<li>
<label for="view">建议或意见： </label>
<textarea id="view" name="view" rows="4" cols="90" class="large"> </textarea>
```

```
</li>
</ul>
</fieldset>
<! -客户体验结束    -->

<! -邮件信息开始    -->
<fieldset>
<ul class="checkboxes">
<li>
<input  type="checkbox"  id="email_ok_msg_from_users"  name="email_signup"
value="user_emails" />
<label for="email_ok_msg_from_users">愿意接收来自其他用户的信息 </label>
</li>
<li>
<input type="checkbox" id="email_ok_occasional_updates" name="email_signup"
value="occasional_updates" />
<label for="email_ok_occasional_updates">愿意接收我们其他产品的优惠信息</label>
</li>
</ul>
</fieldset>
<! -邮件信息结束    -->

<fieldset class="feedalign">
<input type="submit" class="feedback" value="确定提交 " />
</fieldset>
</form>
</div>
</body>
</html>
```

（2）新建一个 CSS 文件，命名为 mycss.css，并放在 css 文件夹下。在 HTML 文件中的<head>部分添加如下代码：

```
<link rel="stylesheet" href="css/mycss.css" />
```

（3）在 mycss 文件中定义样式。

① 设置网页整体样式。

```
*{
    margin: 0px;
    padding: 0px;
}
body{
    font-family:"微软雅黑";
    font-size: 14px;
}
```

```
#wrapper{
    width: 600px;
    margin: 0 auto;
}
```

② 设置一级标题的大小和间距。

```
h1 {
    font-size: 30px;
    margin: 20px 0;
}
```

③ 设置 4 个表单区域，以及列表 ul、li 的背景和间距。

```
fieldset legend {
    font-size: 20px;
    padding-left: 30px;
}

fieldset {
    background-color: #f1f1f1;
    border: none;
    margin-bottom: 12px;
    overflow: hidden;
    padding: 0 10px;
}

ul {
    background-color: #fff;
    list-style: none;
    margin: 12px;
    padding: 10px;
}

li {
    margin: 0.5em 0;
}
```

④ 设置表单中各元素的样式。

```
label {
    display: inline-block;
    padding: 3px 6px;
    text-align: right;
    width: 120px;
    vertical-align: top;
}
```

```
.large {
    background: #E2F7FC;
    width: 200px;
    border: 1px solid #CCC;
}

textarea {
    font: inherit;
    height: 100px;
    width: 300px !important;
}

.radios {
    display: inline;
    margin: 0;
    padding: 0;
}

.radios ul {
    display: inline-block;
    list-style: none;
    margin: 0;
    padding: 0;
}

.radios li {
    margin: 0;
    display: inline-block;
}

.radios label {
    margin-right: 10px;
    width: auto;
}

.radios input {
    width: 20px;
    margin-top: 5px;
}

.checkboxes {
```

```
    margin: 0;
    padding: 0;
}

.checkboxes input {
    margin: 7px 10px 0 30px;
}

.checkboxes label {
    text-align: left;
    width: auto;
}

.feedback {
    background-color: #06F;
    border: none;
    color: #fff;
    margin: 12px;
    padding: 3px;
    width: 100px;
    height: 30px;
}

.feedalign {
    text-align: right;
}
```

本章小结

本章主要介绍了表单的基本标签，如表单<form>、输入<input>、下拉列表<select>、多行文本<textarea> 等和表单的工作原理；介绍了<input>输入组件的基本类型及其应用，以及HTML5 中新增的表单属性和组件类型；最后，通过一个综合实例讲解了表单如何用 CSS 进行美化。

练习与实训

1. 完成下列用户注册表单，如图 10-20 所示。
2. 完成一个如图 10-21 所示的下订单的表单，需要编写 CSS 样式文件。

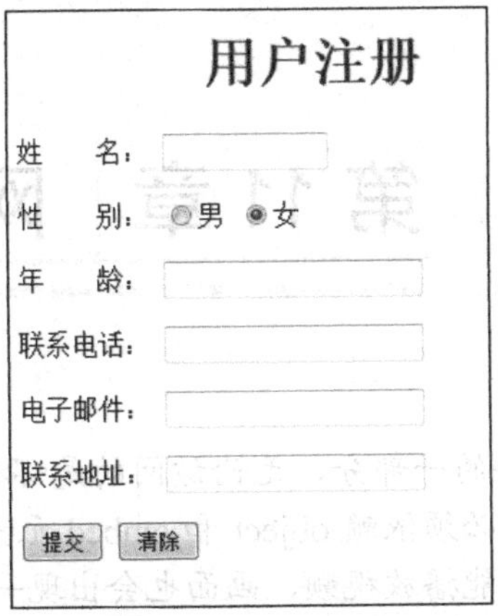

图 10-20　用户注册表单

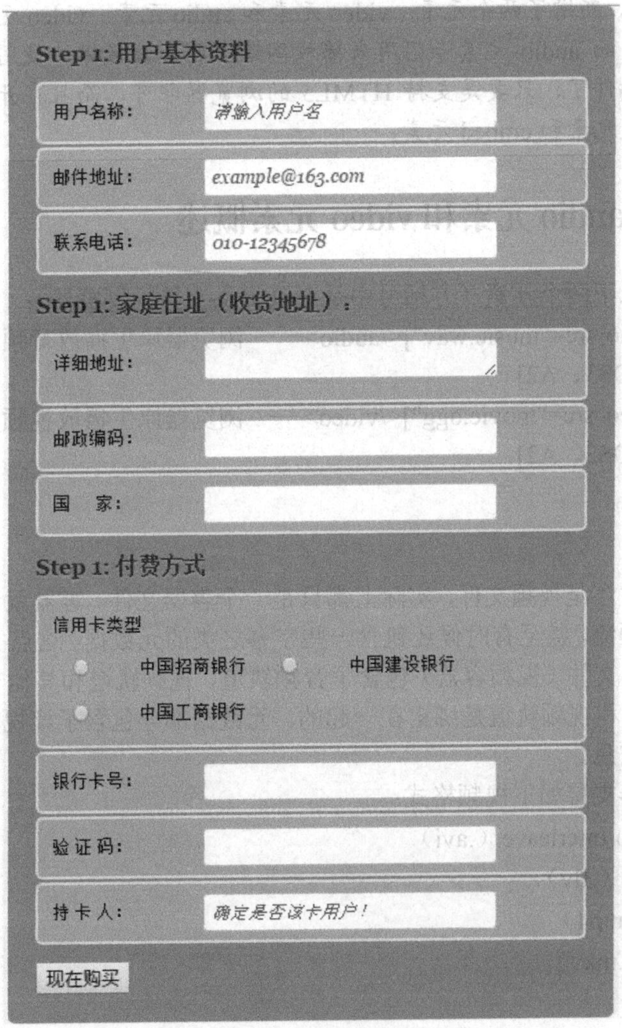

图 10-21　订单表单

第 11 章 | 网页多媒体设计

本章导读

　　多媒体是互联网中非常重要的一部分，无论访问的是哪种类型的网页，如果要在 Web 页面中播放视频或音频文件，就必须依赖 object 和 embed 元素，同时引用 Flash 插件。如果用户没有安装 Flash 插件，就不能播放视频，画面也会出现一片空白，使用起来很不方便，而且插件的引用还可能存在页面的安全隐患。

　　HTML5 出现后，新增了两个元素：video 元素和 audio 元素。video 元素专门用来播放网络上的视频或电影，而 audio 元素专门用来播放网络上的音频数据。使用这两个元素，就不需要再使用其他的插件了，只要是支持 HTML5 的浏览器即可，而且在开发的时候也不需要再书写复杂的 object 元素和 embed 元素。

11.1　HTML5 audio 元素和 video 元素概述

　　本章重点讨论以下两个元素（方括号中是对其提供支持的浏览器）：

　　　　\<audio\>[audio src="music.wav"]\</audio\>——浏览器原生播放音频。[C4、F3.6、IE9、S3.2、O10.1、IOS3、A2]

　　　　\<video\>[video src="movie.ogg"]\</video\>——浏览器原生播放视频。[C4、F3.6、IE9、S3.2、O10.5、IOS3、A2]

11.1.1　视频容器

　　不论是音频文件还是视频文件，实际上都只是一个容器文件。容器就像是一个外壳，其中包含了音频流和视频流，甚至有时候还包含一些字幕之类的元数据。这点类似于压缩了一组文件的 ZIP 文件。视频文件（视频容器）包含了音频轨道、视频轨道和其他一些元数据。视频播放的时候，音频轨道和视频轨道是绑定在一起的。元数据部分包含了该视频的封面、标题、子标题、字幕等相关信息。

　　主流的视频容器支持如下视频格式：

➢ Audio Video Interleave （.avi）

➢ Flash Video （.flv）

➢ MPEG 4 （.mp4）

➢ Matroska （.mkv）

➢ OGG （.ogv）

11.1.2　音频和视频编解码器

　　音频和视频的编码解码器是一组算法，用来对一段特定的音频或视频流进行编码和解码，以便能够播放音频和视频。原始的媒体文件体积非常大，假如不对其编码，那么构成一段视频和音频的数据可能会非常庞大，以至于在因特网上传播需耗费大量的时间。而如果没有解码器，接收方就不能把编码过的数据重组为原始的媒体数据。编解码器可以读懂特定的容器格式，并且对其中的音频轨道和视频轨道解码。

1. 音频编解码器

音频解码器定义了音频数据流编码和解码的算法。编码器主要对数据流进行编码操作，用于存储和传输。音频播放器对音频文件进行解码，然后进行播放。

以下是不同的音频编码格式及其支持的浏览器：

　　　AAC　　　　[S4、C3、IOS]（Apple 公司使用在 iTunes Store 上的音频格式）

　　　MP3　　　　[IE9、S4、C3、IOS]

　　　Vorbis (OGG)　　　[F3、C4、O10]

1）高级音频编码（AAC）

这是 Apple 在其 iTunes Store 中使用的音频格式。它的设计初衷是，在相同文件大小的情况下提供比 MP3 更好的音质。同 H.264 类似，AAC 也提供多种音频类。它与 H.264 的另外一个共同点就是，AAC 也不是一项免费的编码标准，有相应的授权费。

Apple 的所有产品都支持 AAC 文件，而 Adobe 的 Flash Player 和开源的 VLC 播放器也支持它。

2）MP3

尽管 MP3 格式非常普遍和流行，但 Firefox 和 Opera 却不对其提供支持，因为它也受专利保护。Safari 和 Google Chrome 支持 MP3。

3）Vorbis（OGG）

这是一款开源的免版税格式，Firefox、Opera 和 Chrome 都对其提供支持。我们发现 OGG 也可以同 Theora 和 VP8 视频编解码器相配合。Vorbis 文件的音频质量非常好，但是对其提供支持的硬件音乐播放器却不多。

2. 视频编解码器

视频解码器定义了视频数据流编码和解码的算法。编码器主要对数据流进行编码操作，用于存储和传输。视频播放器对视频文件进行解码，然后进行播放。

以下是不同的视频编码格式及其支持的浏览器：

　　　H.264　　　　[IE9、S4、C3、IOS]

　　　Theora　　　　[F3.5、C4、O10]

　　　VP8　　　　[IE9（如果编解码器已安装）、F4、C5、O10.7]

1）H.264

H.264 是一种高质量的编解码器标准，由联合视频组（JVT，Joint Video Team）创建并在 2003 年标准化。为了在兼容诸如手机之类的低端设备的同时兼顾到高端设备的视频处理，H.264 规范分成了几类。通用属性在所有类中都有涵盖，但高端类中增加了一些可选的特性，用来提高视频质量。比如，iPhone 和 Flash Player 都支持 H.264 格式视频的播放，但 iPhone 只支持低质量的"baseline"类，而 Flash Player 则支持高质量视频流。我们可以一次将视频编码为不同的类，这样就能在不同的平台上实现平滑播放。

由于 Microsoft 和 Apple 都支持 H.264 编码，因此 H.264 已经成为事实标准。除此之外，Google 的 YouTube 也将其视频编码转换为 H.264 格式，以便在 iPhone 上播放，而且 Adobe 的

Flash Player 也对它提供支持。

2）VP8

Google 的 VP8 是一项完全开源、免版税的编码标准，并且用其创建的视频质量可同 H.264 视频相媲美。支持 VP8 的浏览器有 Mozilla、Google Chrome 和 Opera。Microsoft 承诺只要用户安装过任一款编解码器，其 Internet Explorer 9 就可以支持 VP8。Adobe 的 Flash Player 也同样支持 VP8，因此 VP8 是非常值得关注的。但是 Safari 和 IOS 设备不支持 VP8，这就意味着尽管 VP8 是免费的，但是要想在 iPhone 或者 iPad 上发布视频，那么内容提供商仍需使用 H.264 编解码器。

3）Theora

通过 Theora 可以创建出与使用 H.264 时同样效果的视频，但是设备制造商采用此标准的步伐有点慢。不需要任何额外软件的辅助，Firefox、Chrome 和 Opera 就能够在任意平台上播放 Theora 格式的视频，然而 Internet Explorer、Safari 和 IOS 设备却不行。

11.1.3 audio 元素和 video 元素的 src 属性和 source 属性

audio 和 video 两个元素都可以使用 src 属性，只需将播放音频或视频的 URL 传递给指定元素的 src 属性即可。以 audio 元素为例，使用方法如下：

```
<audio src="视频地址">
您的浏览器不支持 audio 元素
</audio>
```

在该方法中，将指定的音频数据嵌入在网页中，如果浏览器不支持 audio 元素，将会显示文字"您的浏览器不支持 audio 元素"。

video 元素的使用方法与 audio 元素类似，但视频文件还具有 width 属性和 height 属性，该属性可以指定视频文件的宽度和高度（以像素为单位）。指定视频的宽度和高度是一个好习惯。如果设置了这些属性，在页面加载时会为视频预留出空间。假如没有设置这些属性，则浏览器无法预先确定视频的尺寸，就无法为视频预留合适的空间。那么，在页面加载过程中，其布局也会发生变化。

当设定好视频文件的宽度和高度属性后，再将播放视频的 URL 地址指定给该元素的 src 属性即可。video 元素的使用方法如下：

```
<video src="视频地址"  width="300"  height="200">
您的浏览器不支持 video 元素
</video>
```

还可以通过 source 属性添加多个音频或视频文件，通过 source 元素为同一个媒体数据指定多个播放格式与编码方式，以确保浏览器可以从中选择一种自己支持的播放格式进行播放。浏览器的选择顺序为代码中的书写顺序，会从上往下判断自己对该播放格式是否支持，直到选择出所支持的播放格式为止。以视频文件 video 为例，其使用方法如下：

```
<!DOCTYPE HTML>
<Html>
```

```
<body>
    <video src="视频地址"  width="300"  height="200">
        <source src="/Html5/foo.ogg" type="video/ogg" />
        <source src="/Html5/foo.mp4" type="video/mp4" />
        您的浏览器不支持 video 元素
    </video>
</body>
</Html>
```

我们可以使用带有媒体类型和其他属性的 <source> 元素指定媒体文件。video 元素允许使用多个 source 元素，浏览器会使用第一个认可的格式。因为各浏览器对各种媒体类型及编码格式的支持情况各不相同，所以使用 source 元素来指定多种媒体类型是非常必要的。表 11-1 所示为 source 对象属性。

表 11-1　source 对象属性

属　　性	描　　述
media	设置或返回 <source> 元素中 media 属性的值
src	设置或返回 <source> 元素中 src 属性的值，即指定播放媒体的 URL 地址
type	设置或返回 <source> 元素中 type 属性的值，其属性值为播放文件的 MIME 类型

11.2　网页中的音频文件

11.2.1　audio 元素的浏览器支持情况

HTML5 规定了一种通过 audio 元素来包含音频的标准方法。audio 元素能够播放声音文件或者音频流。不同的浏览器对 audio 元素的支持情况也不相同。表 11-2 介绍了目前浏览器对 audio 元素的支持情况。

表 11-2　浏览器对 audio 元素的支持情况

音频格式 浏览器	IE 9.0 及更高版本	Firefox3.5 及更高版本	Opera10.5 及更高版本	Chrome 3.0 及更高版本	Safari 3.0 及更高版本
OGG Vorbis		支持	支持	支持	
MP3	支持			支持	支持
WAV		支持	支持		支持

11.2.2　添加自动播放音频文件（autoplay 属性）

autoplay 属性用于指定媒体是否在页面加载后自动播放，如果指定了该布尔值属性，只要没有停止加载数据音频就会立刻开始播放。其使用方法如下：

```
<audio src="音频地址"  autoplay="autoplay">...</audio>
```

下面以一个音频文件为例，当设置了 autoplay="autoplay"后，打开网页以后，音频文件就会自动播放了。

实例代码 11-1：

```
<!DOCTYPE HTML>
<html>
<body>
<audio autoplay="autoplay">
<source src="song.mp3">
</audio>
</body>
</html>
```

使用 Chrome 浏览器的实例效果如图 11-1 所示。

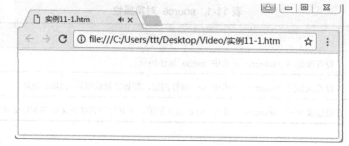

图 11-1　设置自动播放后的音频效果

如果使用了预加载属性，则浏览器会提前将视频和音频数据进行加载，在播放器播放时数据已经预先缓冲完成，这样可以加快播放速度。

11.2.3　添加带有控件的音频文件（controls 属性）

controls 属性规定浏览器应该为音频提供播放控件。如果指定了该属性，表示允许用户控制音频播放，包括音量控制、快进及暂停/恢复播放。其使用方法如下：

```
<audio src="音频地址" controls="controls" autoplay="autoplay">...</audio>
```

下面以一个音频文件为例，当设置了 controls="controls"后，打开网页以后，音频文件就有音乐播放控制条了。

实例代码 11-2：

```
<!DOCTYPE HTML>
<html>
<body>
<audio controls="controls" autoplay="autoplay">
<source src="song.mp3">
</audio>
</body>
</html>
```

使用 Chrome 浏览器的实例效果如图 11-2 所示。

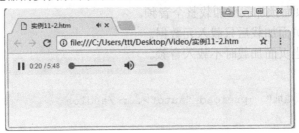

图 11-2　设置带有控件的音频效果

11.2.4　添加循环播放音频文件（loop 属性）

loop 属性规定当音频播放结束后将重新自动回放。如果设置了该属性，则音频将循环播放。其使用方法如下：

```
<audio src="音频地址" controls="controls" loop="loop">...</audio>
```

下面以一个音频文件为例，当设置了 loop="loop" 后，打开网页以后，由于没有设置 autoplay 自动播放属性，但是网页中加载了音频播放控制条，单击"播放"按钮，则开始播放加载的音频文件，播放完毕后，音频文件会重新自动回放。

实例代码 11-3：

```
<!DOCTYPE HTML>
<html>
<body>
<audio controls="controls" loop="loop">
<source src="song.mp3">
</audio>
</body>
</html>
```

使用 Chrome 浏览器的实例效果如图 11-3 所示。

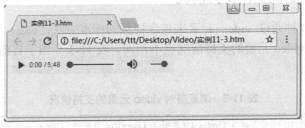

图 11-3　设置循环播放的音频效果

11.2.5　添加预播放的音频文件（preload 属性）

preload 属性指定加载页面时加载音频并准备就绪。如果使用预加载，则浏览器会预先将音频数据进行缓冲，这样可以加快播放速度，因为播放时数据已经预先缓冲完毕。如果设置了 autoplay 属性，则忽略该属性。该属性有 3 个可选值，分别是 auto、meta 和 none，默认值是

auto。

> auto：表示页面预加载后加载整个音频。
> meta：表示页面加载后只载入元数据。
> none：表示当页面加载时不载入音频。

其使用方法如下：

```
<audio src="音频地址"   preload="auto">...</audio>
```

实例代码 11-4：

```
<!DOCTYPE HTML>
<html>
<body>
<audio controls="controls" preload="auto">
<source src="song.mp3">
</audio>
</body>
</html>
```

使用 Chrome 浏览器的实例效果如图 11-4 所示。

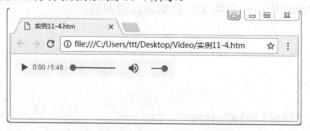

图 11-4　设置预播放的音频效果

11.3　网页中的视频文件

11.3.1　video 元素的浏览器支持情况

HTML5 规定了一种通过 video 元素来包含视频的标准方法。video 元素能够播放视频文件。不同的浏览器对 video 元素的支持情况也不相同。表 11-3 介绍了目前浏览器对 video 元素的支持情况。

表 11-3　浏览器对 video 元素的支持情况

音频格式 浏览器	IE 9.0 及更高 版本	Firefox 4.0 及更 高版本	Opera10.6 及更 高版本	Chrome 6.0 及 更高版本	Safari 3.0 及更 高版本
OGG		支持	支持	支持	
MPEG 4	支持			支持	支持
WAV		支持	支持	支持	

要在 HTML5 中播放视频文件，在添加<video>元素的同时，还需要设置元素的一些基本属性，这样就可以在页面中播放视频文件了。

在页面中，创建<video>这个多媒体元素需要在元素的 src 属性中，src 属性用于指定多媒体数据的 URL 地址。设置各自播放的视频文件，页面加载后就会自动播放这个文件。

下面以<video>元素为例，添加 video 元素，通过 src 属性指定播放文件的 URL，用户无须安装浏览器插件，只需在支持 HTML5 的浏览器中观看即可。

```
<video src="视频地址">...</video>
```

实例代码 11-5：

```
<!DOCTYPE html>
<html>
<head>
<title>实例 11-5</title>
<head>
<body>
<video src="【中英双语字幕】马云德国汉诺威展演讲，演示"刷脸支付"_高清.mp4">
您的浏览器不支持 video 标签！
</video>
</body>
</html>
```

使用 Chrome 浏览器的实例效果如图 11-5 所示。

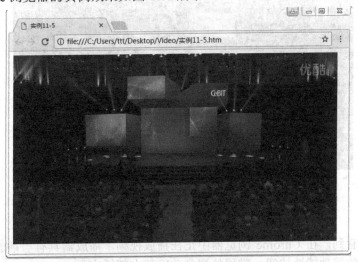

图 11-5　没有"播放"等按钮的视频播放器

从以上效果可以看到，虽然视频被引入到页面中，但是没有"播放"、"暂停"、"最大化"、"最小化"之类的按钮，没有这些功能性按钮，视频将不能暂停、缩放等。

11.3.2　添加带有控件的视频文件（controls 属性）

在 11.3.1 节代码的基础上添加 controls 属性，并且将该属性的值设置为"true"或"controls"，将在视频元素的底部展示一个元素自带的控制条工具，从而可以在页面上实现视频播放效果。如果不添加 controls 属性，视频将会自动播放，并且不能控制。

```
<video  src="视频地址"  controls="contrlos">...</video>
```

实例代码 11-6：

```
<!DOCTYPE html>
<html>
<head>
<title>实例 11-6</title>
<head>
<body>
<video  src="【中英双语字幕】马云德国汉诺威展演讲，演示"刷脸支付"_高清.mp4"
controls="controls">
您的浏览器不支持 video 标签！
</video>
</body>
</html>
```

使用 Chrome 浏览器的实例效果如图 11-6 所示。

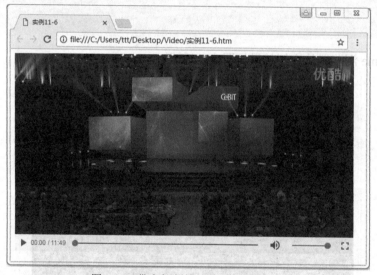

图 11-6　带有控制按钮的视频播放器

从图中可以看到，在 Chrome 浏览器中正在播放视频，播放器具有"播放"、"暂停"、调节音量及屏幕缩放等功能性按钮，常用的视频功能基本都能实现。

从上面的示例可以看出，在 HTML5 中添加视频无须很多代码，只需要在页面中添加 video元素，并添加 controls 属性，即可在页面上实现视频播放效果。

本例中使用的是 Chrome 浏览器，在不同的浏览器中播放器的默认样式是不同的。

以 IE 浏览器和 Firefox 浏览器为例，运行后的效果如图 11-7 和图 11-8 所示。

为什么同样的代码在 Firefox 和 Chrome 浏览器中支持，而在 IE 浏览器中却不支持呢？主要原因是视频或音频文件的格式不同，不支持其格式，就不能播放了。从表 11-3 中可以看到，IE 浏览器对于 OGG 格式的视频和 WAV 格式的视频是不支持的，所以会出现无效源的错误页面效果。

图 11-7 IE 浏览器效果

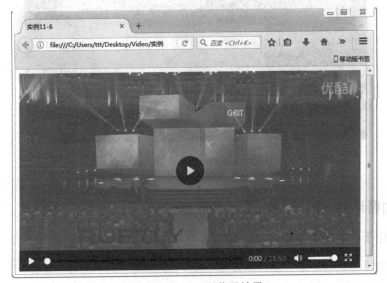

图 11-8 Firefox 浏览器效果

11.3.3 添加自动播放的视频文件（autoplay 属性）

autoplay 属性规定一旦视频就绪即马上开始播放。当设置了该属性后，视频将自动播放。

```
<video src="视频地址" controls="contrlos" auoplay="autoplay">...</video>
```

实例代码 11-7：

```
<!DOCTYPE html>
<html>
<head>
<title>实例 11-7</title>
<head>
<body>
<video src="【中英双语字幕】马云德国汉诺威展演讲，演示"刷脸支付"_高清.mp4" controls=
"controls" autoplay="autoplay">
您的浏览器不支持 video 标签！
```

```
</video>
</body>
</html>
```

使用 Chrome 浏览器的实例效果如图 11-9 所示。

图 11-9　添加自动播放的视频文件

11.3.4　添加循环播放的视频文件（loop 属性）

loop 属性用于指定是否循环播放音频或视频，该属性的使用方法如下：

```
<video src="视频地址" loop="loop">...</video>
```

实例代码 11-8：

```
<!DOCTYPE html>
<html>
<head>
<title>实例 11-8</title>
<head>
<body>
<video src="【中英双语字幕】马云德国汉诺威展演讲，演示"刷脸支付"_高清.mp4"
controls="controls" loop="loop">
您的浏览器不支持 video 标签！
</video>
</body>
</html>
```

使用 Chrome 浏览器的实例效果如图 11-10 所示。
该视频文件播放结束后，将返回重新开始播放。

图 11-10　添加循环播放的视频文件

11.3.5　添加预播放的视频文件（preload 属性）

preload 属性用于指定视频数据是否加载。如果使用了预加载属性，则浏览器会提前将视频数据进行加载，在播放器播放时数据已经预先缓冲完成，这样可以加快播放速度。但是如果使用 autoplay 属性，则忽略该属性。

preload 属性有 3 个可选值。

➤ none：这个值指用户不需要对视频或音频进行预先加载，这样可以减少网络流量。

➤ meta：表示只预加载媒体的元数据信息（媒体字节数、第一帧、播放列表、持续时间等）。

➤ auto：表示预加载全部音频或视频。要实时播放，需要由服务器向用户计算机连接、实时传送。

该属性的使用方法如下：

```
<video src="视频地址"  preload="auto">...</video>
```

实例代码 11-9：

```
<!DOCTYPE html>
<html>
<head>
<title>实例 11-9</title>
<head>
<body>
<video src="【中英双语字幕】马云德国汉诺威展演讲，演示"刷脸支付"_高清.mp4" controls=
"controls"  preload="auto">
您的浏览器不支持 video 标签！
</video>
</body>
</html>
```

使用 Chrome 浏览器的实例效果如图 11-11 所示。

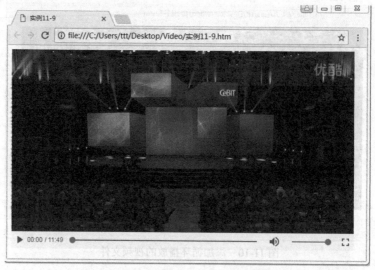

图 11-11　添加预播放的视频文件

11.3.6　设置视频文件的宽度和高度（width 与 height 属性）

width 属性与 height 属性只适合于<video>元素，表示设置视频播放器的宽度和高度，单位为像素。如果不设置该属性，则使用播放源文件的大小。如果播放源文件的大小不可用，则使用 "poster" 属性中的文件大小。如果仅设置一个 width 宽度值，那么将根据播放源文件的宽度比例，自动生成一个与之对应的高度值，以等比例的方式控制视频文件的大小。

下面通过实例演示<video>元素设置大小后的效果。

实例代码 11-10：

```
<!DOCTYPE html>
<html>
<head>
<title>实例 11-10</title>
<head>
<body >
<video src="【中英双语字幕】马云德国汉诺威展演讲，演示"刷脸支付"_高清.mp4"
controls="controls"  width="360" height="220">
您的浏览器不支持 video 标签！
</ video >
</body>
</html>
```

使用 Chrome 浏览器的实例效果如图 11-12 所示。

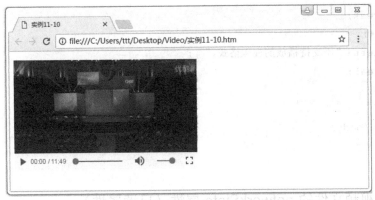

图 11-12　设置视频文件大小后的效果

11.3.7　设置视频文件的 error 属性

正常情况下，error 属性为 null。但是任何时候只要出现错误，error 属性将返回一个 MediaError 对象，MediaError 对象的 code 属性返回一个数字值，它表示音频/视频的错误状态。该错误状态共有 4 个可能值。

➢ MEDIA_ERR_ABORIED（返回值为 1）：媒体数据的下载过程被用户中止。

➢ MEDIA_ERR_NETWORK（返回值为 2）：确认媒体资源可用，但是在下载时出现网络错误，媒体数据的下载过程被中止。

➢ MEDIA_ERR_DECODE（返回值为 3）：确认媒体资源可用，但是解码时发生错误。

➢ MEDIA_ERR_SRC_NOT_SUPPORTED（返回值为 4）：媒体资源不可用或媒体格式不被支持。

error 属性为只读属性。

读取错误状态的代码如下：

```
<video src="【中英双语字幕】马云德国汉诺威展演讲，演示"刷脸支付"_高清.mp4">
您的浏览器不支持 video 标签！
<script>
var video=document.getElementById("video Element");
video.addEventListener("error",function())
{
  var error=video.error
  switch(error.code)
  {
    case 1:
        alert("视频的下载过程被中止。");
        Break;
    case 2:
        alert("网络发生故障，视频的下载过程被中止。");
        Break;
    case 3:
        alert("解码失败。");
```

```
        Break;
    case 4:
        alert("不支持播放的视频格式。");
        Break;
  }
},false);
</script></body>
</html>
```

11.3.8 设置视频文件的 networkState 属性（只读属性）

在媒体数据的加载过程中可以使用 video 元素的 networkState 属性读取当前网络状态。

➢ NETWORK_EMPTY（数字值 0）：元素处于初始状态。

➢ NETWORK_IDLE（数字值 1）：浏览器已经选择好用什么编码格式来播放媒体，但尚未建立网络连接。

➢ NETWORK_LOADING（数字值 2）：媒体数据加载中。

➢ NETWORK_NO_SOURCE（数字值 3）：没有支持的编码格式，不执行加载。

11.3.9 视频文件的 readyState 属性

readyState 属性返回媒体当前播放位置的就绪状态，其值如下。

➢ HAVE_NOTHING（数值 0）：没有获取到媒体的任何信息，当前播放位置没有可播放的数据。

➢ HAVE_METADATA（数值 1）：已经获取到足够的媒体数据，但是当前播放位置没有有效的媒体数据（也就是说，媒体数据无效，不能播放）。

➢ HAVE_CURRENT_DATA（数值 2）：当前播放位置已经有数据可以播放，但没有获取到可以让播放器前进的数据。

➢ HAVE_FUTURE_DATA（数值 3）：当前播放位置已经有数据可以播放，而且也获取到可以让播放器前进的数据。

➢ HAVE_ENOUGH_DATA（数值 4）：当前播放位置已经有数据可以播放，同时也获取到可以让播放器前进的数据，而且浏览器确认媒体数据以某一种速度进行加载，可以保证有足够的后续数据进行播放。

11.4 多媒体元素常用方法和事件简述

HTML5 中，audio 和 video 元素可以用多个属性利用 JavaScript 实现各种控制功能。video 元素与 audio 元素都具有 play()播放、pause()暂停、load()重新加载 3 个常用方法。

canPlayType() 用来测试浏览器是否支持指定的媒体类型，canPlayType(type)方法使用一个参数 type，该参数的指定方法与 source 元素中 type 参数的指定方法相同，用来播放文件的 MIME 类型，可以在指定的字符串中加上表示媒体编码格式的 codes 参数。

返回 3 个可能值：空字符串，表示浏览器不支持此种媒体类型；maybe，表示浏览器可能支持此种媒体类型；probably，表示浏览器确定支持此种媒体类型。

下面通过表 11-4 和表 11-5 了解多媒体元素常用的方法和事件。

表 11-4　多媒体元素常用方法

方　　法	描　　述
addTextTrack()	为音视频加入一个新的文本轨迹
canPlayType()	检查指定的音视频格式是否得到支持
load()	重新加载音视频标签
play()	播放音视频
pause()	暂停播放当前的音视频

表 11-5　多媒体元素常用事件

事　　件	描　　述
abort	当音视频加载被异常中止时产生该事件
canplay	当浏览器可以开始播放该音视频时产生该事件
canplaythrough	当浏览器可以开始播放该音视频到结束而无须因缓冲停止时产生该事件
durationchange	当媒体的总时长改变时产生该事件
emptied	当前播放列表为空时产生该事件
ended	当前播放列表结束时产生该事件
error	当加载媒体发生错误时产生该事件
loadeddata	当加载媒体数据时产生该事件
loadedmetadata	当收到总时长、分辨率和字轨等 metadata 时产生该事件
loadstart	当开始查找媒体数据时产生该事件
pause	当媒体暂停时产生该事件
play	当媒体播放时产生该事件
playing	当媒体从因缓冲而引起的暂停或停止恢复到播放时产生该事件
progress	当获取到媒体数据时产生该事件
ratechange	当播放倍数改变时产生该事件
seeked	当用户完成跳转时产生该事件
seeking	当用户正执行跳转操作时产生该事件
stalled	当试图获取媒体数据但数据还不可用时产生该事件
suspend	当获取不到数据时产生该事件
timeupdate	当前播放位置发生改变时产生该事件
volumechange	当前音量发生改变时产生该事件
waiting	当视频因缓冲下一帧而停止时产生该事件

11.5　综合实例——使用多媒体元素播放文件

在页面中创建两个多媒体元素<audio>和<video>，并在元素的 src 属性中设置各自播放的音频与视频文件，页面加载完成后自动播放这两个文件。

代码如下：

```
<!DOCTYPE html>
<html>
```

```
<head>
<title>多媒体元素播放文件</title>
<head>
<body >
<audio controls="controls"  autoplay="autoplay">
<source src="song.mp3">
<video src="【中英双语字幕】马云德国汉诺威展演讲，演示"刷脸支付"_高清.mp4"
autoplay="true"controls="controls"  width="360" height="220">
您的浏览器不支持video标签！
</ video >
</body>
</html>
```

使用 Chrome 浏览器的实例效果如图 11-13 所示。

图 11-13　综合使用多媒体元素播放文件的效果

本章小结

在当今网络上，音频和视频占据着极其重要的位置。尽管因特网上的播客、音频预览甚至视频教程比比皆是，但现在也只能通过浏览器插件运行它们。本章我们学习了在 HTML5 中增加 audio 和 video 进行多媒体播放的方法。通过 audio 或者 video 的属性能够获取多媒体播放的进度、总时间等信息，通过自定义播放器可以设置播放器的播放、暂停、音量调整等动作。

练习与实训

1. 在 HTML5 网页中添加 MP4 格式的视频文件，为什么在不同的浏览器中视频控件显示的外观不同？

2. 在 video 元素中添加 source 元素来为浏览器指定多个视频文件。

第 12 章 | HTML5 布局

本章导读

本章将介绍关于页面布局的一系列基础知识和一些布局案例，它们基本涵盖了当前的主流布局方式，具有很强的代表性。

12.1 布局简介

许多开发者可能有过这样的体会，在开始 HTML5 的学习后，虽然学习了大量的元素、特性和样式，做了许多小例子，但一旦要着手制作一个完整的页面，却在页面布局的时候陷入了泥潭，会出现许多始料未及的棘手问题，解决起来困难重重。问题的根源在于，页面元素与布局是 HTML5 最重要的基础，也是难点之一，它考验开发者对于 HTML5 知识的深度掌握，以及各种技术的综合运用能力。

随着前端技术的发展，各种各样的页面布局层出不穷，想法越来越奇特，种类越来越丰富。本章我们挑选了最经典的几类页面元素与布局案例，它们基本涵盖了当前的主流布局方式，具有很强的代表性。

12.1.1 页面元素与布局核心技巧

（1）HTML5 强调代码的语义化。我们在做 HTML5 页面布局时，应首先考虑代码的语义化，尽量使代码中不包含冗余的 DOM（Document Object Model，文档对象模型）结构，在此基础上尽可能使用 CSS 样式来完成页面布局。在迫不得已时，也可以适当增加一些 DOM 结构来帮助实现某些特定的布局效果。

（2）绝大部分的页面布局都是浮动（float）、定位（position）和内外边距三者的有机结合。一些高级的布局效果还需要使用"负 margin"这样的独特技巧。

（3）要对布局有更加深入的理解，还需要掌握各种元素的呈现方式（display）及其与整个页面空间的关系，这也就是所谓的"文档流"。

（4）如果算上对 IE6、7、8 等老版本浏览器的支持，那么页面布局的实现难度将呈几何级数增大。历史总是向前的，我们并不推荐在这些过去的事物上花费大量的时间精力做修补工作，况且如今大部分网站已经放弃了对这些过时浏览器的支持。因此本章部分布局案例将只针对较新的浏览器版本。

12.1.2 元素显示方式

1. display

HTML 元素在页面中的默认显示方式有块级显示和行内显示两种，我们也可以通过 display 属性来改变其显示方式。该属性支持如下两个属性值。

（1）block：块级显示，元素默认占据一行，允许通过 CSS 设置宽度、高度。

（2）inline：行内显示，元素不会占据一行，即使通过 CSS 设置宽度、高度也不会起作用。

2. overflow

overflow 属性设置当 HTML 元素不够容纳内容时的显示方式。该属性支持如下几个属性值。

（1）visible：指定 HTML 元素既不剪切内容也不添加滚动条，这是默认值。

（2）auto：指定 HTML 元素不够容纳内容时将自动添加滚动条，允许用户通过拖动滚动条来查看内容。

（3）hidden：指定 HTML 元素自动裁剪那些不够空间显示的内容。

（4）scroll：指定 HTML 元素总是显示滚动条。

12.2　图文混排与题图文字布局

12.2.1　图文混排布局

最简单的布局莫过于图文混排了。首先我们来看一个图文混排的案例。

```html
<img src="img/university.jpg" alt="university" />
<p>大学的学习方式与中学的学习方式有很大的差别。</p>
```

在以上的 HTML 代码中，包含了一张图片和一个文本段落，该页面的默认显示效果如图 12-1 所示。

在 HTML 中，图片的 img 元素在前，段落的 p 元素在后，p 是块级元素，会换行，因此在页面中它们是上下显示的，这就是最普通的文档流（normal flow），即每一个块级元素各自垂直堆叠，从上至下排布。要使得图文混排，HTML5 中最好的方式就是通过 CSS 来实现。我们为 img 元素添加样式，代码如下：

```css
img{
    float:right;
    margin:30px;
}
```

在上面的代码中，我们为 img 设置了右浮动，img 元素就被从整个文档流中抽取出来，根据浮动的方向重新定位，img 原有的位置空了出来，被下方的段落所取代，"上下"排列变成了"排排坐"。由于 img 右浮动后占据了右侧的一块区域，因此段落中的行内元素将避开这一已经被占据的区域，最终呈现出图文混排效果，如图 12-2 所示。此外，我们还在上述样式代码中设置了 margin 值，以使得文字和图片之间保持一定的距离（30 像素），而非紧贴着图片边缘。

图 12-1　图文默认显示效果　　　　　　图 12-2　设置图片右浮动后的效果

如果要使得图片居左混排，可以将 float 的方向由 right 改为 left，代码如下：

```
img{
    float:left;
    margin-right:30px;
    }
```

在以上的代码中，不仅改变了浮动方向，还设置了图片右外边距为 30 像素，显示效果如图 12-3 所示。从效果图中可以看出，在浮动后 p 元素占据了原有图片的位置，两者的起始位置是完全一致的，段落中的文字（行内元素）在图片区域被排挤出去了。

我们在 HTML 代码中再添加一张图片，代码如下：

```
<img src="img/university.jpg" alt=" university " />
<img src="img/group.png" alt="group" />
```

由于在之前的样式中为所有 img 元素设置了左浮动，因此新增的图片也会左浮动，并且浮动位置紧贴第一张图片，两者形成从左到右的排列关系，效果如图 12-4 所示。

图 12-3　设置图片左浮动　　　　　　　图 12-4　添加图片后的浮动效果

12.2.2　题图文字布局

通过以上的浮动设置，我们学习了浮动定位的基础知识，在后续章节，我们会进一步讲解浮动的相关知识。

下面，让我们先来实现一种较为流行的图文效果，即以图片作为文本内容的标题，使其悬浮在文本块上方，这称为"题图文字布局"。

在 HTML 代码中为 img 和 p 元素增加一个 div 包裹，代码如下：

```
<div class="w才rapper">
    <img src="img/university.jpg" alt="university" />
</div>
```

接下来，去掉原来设置的 img 标签样式，为 div 元素创建 wrapper 类样式，代码如下：

```
.wrapper{
    background: #eee;
    padding:90px 50px 30px;
    margin-top: 100px;
    position: relative;
    border-top: 10px solid #073763;
```

```
        font-size: 14px;
        line-height: 1.5;
    }
```

以上代码设置了许多样式，首先将 div 元素背景色设置为灰色，使得文本块的区域边界可视化；然后设置内边距分别为顶部 90 像素，左右两侧各 50 像素，底部 30 像素，一方面是为了使文本内容与边界保持一定距离，另一方面使得顶部的内边距较大，以便于留出一定空间容纳悬浮图片；接着设置顶部的外边距为 150 像素，这也是为悬浮图片预留上方的空间；设置 div 为相对定位，为下一步悬浮图片的绝对定位做准备；最后设置顶部 10 像素宽的蓝色边框，为整个文本块增加修饰效果。其显示效果如图 12-5 所示。

现在我们要做的最后一个步骤就是将图片向上推，使其一半显示在文字块上方外侧，一半显示在文字块区域中。为 img 创建样式代码如下：

```
img{
        margin-top: -195px;
    }
```

以上代码中，我们使用了带有负值的 margin-top 属性来使得图片向上推出，这可以理解为在整个文档流中，上方突然腾出了 195 像素的空间，在这种情况下，图片向上移动 195 像素，紧跟着的段落也将向上移动相应距离来填充这个空间。完成后的题图文字布局效果如图 12-6 所示。

图 12-5 wrapper 类样式效果

图 12-6 题图文字布局效果

此处 195 像素的算法如下：图片本身为 200 像素高，我们希望它向上移动到边框位于其垂直中线的位置。由于边框为 10 像素，则图片加边框总高度的一半为 105 像素，再加上顶部内边距的 90 像素，则总共向上移动 195 像素。

12.3 float 多栏布局

HTML 元素在页面中默认以自上而下的顺序显示，这称为文档流（document flow）。可以通过 CSS 属性改变元素的文档流，让元素脱离文档流。

12.3.1　float 浮动

　　float 属性控制目标 HTML 元素是否浮动以及如何浮动。通过该属性设置某个对象浮动后，该对象将不在普通的文档流中，浮动的框可以向左或向右移动，直到它的外边缘碰到包含框或另一个浮动框的边框为止。由于浮动框不在文档的普通流中，所以文档的普通流中的块框表现得就像浮动框不存在一样。该属性支持 left、right 两个属性值，分别指定对象向左、向右浮动。

　　例如下面的代码：

```
<! doctype html>
<html>
<head>
  <meta charset="utf-8">
  <title> float</title>
<style type="text/css">
*{
    margin:0;
    padding:0;

}
  div{
      border: 1px solid #000000;
      margin-bottom: 20px;
      height: 100px;
  }
  #div1{
      width: 100px;
      background: red;
  }
  #div2{
      width: 150px;
      background: yellow;
  }
  #div3{
      width: 200px;
      background: green;
  }
</style>
</head>
<body>
    <div id="div1"> div1</div>
    <div id="div2"> div2</div>
    <div id="div3"> div3</div>
</body>
</html>
```

效果如图 12-7 所示。

（1）设置 div1 右浮动，代码如下：

```
#div1{
    float:right;
}
```

div1 脱离文档流并且向右移动，直到它的右边缘碰到包含框的右边缘。设置后的效果如图 12-8 所示。

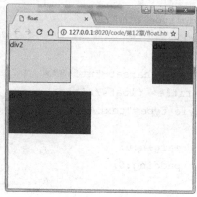

图 12-7　float 设置前　　　　　　　　　　图 12-8　div1 右浮动

（2）设置 div1 为左浮动，代码如下：

```
#div1{
    float:left;
}
```

当 div1 向左浮动时，它脱离文档流并且向左移动，直到它的左边缘碰到包含框的左边缘。因为它不再处于文档流中，所以它不占据空间，div2 和 div3 向上移动，就像 div1 不存在一样，最终的效果是 div1 覆盖了 div2，但 div2 的文字会环绕在 div1 右侧，效果如图 12-9 所示。

（3）设置三个 div 都向左浮动，代码如下：

```
#div1{
    float:left;
}
#div2{
    float:left;
}
#div3{
    float:left;
}
```

div1 向左浮动直到碰到包含框，另外两个 div 向左浮动直到碰到前一个浮动框，效果如图 12-10 所示。

如果包含框太窄，无法容纳水平排列的三个浮动元素，则其他浮动块向下移动，直到有足够的空间，效果如图 12-11 所示。

图 12-9　div1 左浮动

图 12-10　三个 div 均左浮动一

如果浮动元素的高度不同，则当它们向下移动时可能被其他浮动元素"卡住"，效果如图 12-12 所示。

图 12-11　三个 div 均左浮动二

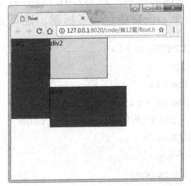

图 12-12　三个 div 均左浮动三

12.3.2　清除浮动 clear

clear 属性定义了元素的哪边不允许出现浮动元素。该属性支持如下属性值。

➢ none：默认值，两边都不允许出现浮动元素。

➢ left：不允许左边出现浮动元素。

➢ right：不允许右边出现浮动元素。

➢ both：两边都不允许出现浮动元素。

在 12.2 节图文混排的例子中，图像设置了左浮动后，下面的文字会环绕在它的右侧。如果给文字添加了 clear:left 属性，文字左侧的浮动将被清除，文字块向下移动。代码如下：

```
#img{
    float:left;
}
#p{
    clear:left;
}
```

使用 clear 前后的效果图分别如图 12-13 和图 12-14 所示。

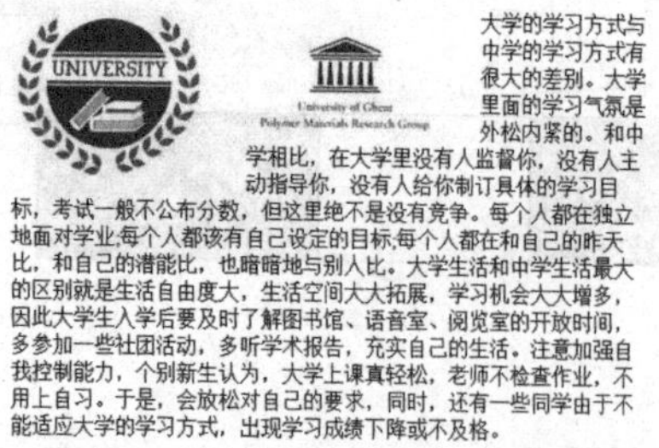

图 12-13　clear 清除浮动前的效果

图 12-14　clear 清除浮动后的效果

12.3.3　float 两列均分布局

在本例中，我们将两份带有图、标题、文字的内容信息制作成列表的形式，这也是当前网页中较为常见的一种布局形式。

首先，我们编辑一段 HTML 代码，其中包括了一个 section 节点，以及该节点下的两个 article 节点，每个 article 中包含了标题、说明文字和图片。代码如下：

```
<!DOCTYPE html>
<html>
    <head>
    <meta charset="UTF-8">
    <title>两列均分布局</title>
    </head>
    <body>
    <section>
        <article>
            <h1>
            公共汽车
            </h1>
            <p>
            公共汽车，城市客车，即巴士或大巴，是客车类中大...
            </p>
            <img src="img/bus.png"  alt="Bus" />
        </article>
        <article>
            <h1>
            自行车
            </h1>
            <p>
            自行车，又称脚踏车或单车，通常是二轮的小型陆上车辆。...            </p>
            <img src="img/bike.png"  alt="Bike"/>
        </article>
    </section>
</body>
</html>
```

以上代码在浏览器中的默认显示效果如图 12-15 所示。

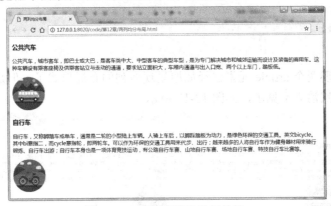

图 12-15 浏览器默认显示效果

我们的目标是要使以上内容呈现为两列布局形式。接下来，将页面中的所有 margin 和 padding 值先清零，以便于后续增加自定义的设置。此外，为了能够更加清晰地呈现布局范围，我们给 section 元素设置了一个固定的宽度，并且为其设置了背景色和边框。代码如下：

```
*{
    margin: 0;
    padding: 0;
}
section{
    width:980px;
    background: #F5F5F5;
    box-shadow: 0 0 1px rgba(0,0,0,.4) inset;
}
```

在以上代码中，我们并没有使用 border，而是使用了大小为 1 像素、在 x 和 y 方向上都没有位移且颜色为 40%透明度的黑色的阴影（box-shadow）来实现边框效果，这也是制作边框的另一种途径，效果如图 12-16 所示。

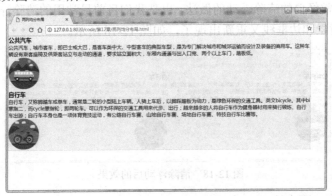

图 12-16 边框的显示效果

接下来，要将两个 article 元素以两列布局排放，只需要设置它们的宽度和浮动即可，代码如下：

```
article{
    width: 50%;
    float:left;
    }
```

测试页面，发现两个 article 元素已经如愿呈现两列的布局形式了，但是，原先 section 的边框和背景色都突然消失不见了，如图 12-17 所示。

图 12-17　两列布局效果

难道是 section 不翼而飞了吗？我们要从文档流的原理上寻找问题的根源。在 section 中原本有两个 article 元素，这形成了 section 内部的文档流，而 section 的高度也正是由 article 元素的高度得来的。当我们将 article 设置为浮动时，它们就从文档流中抽取了出去，变为浮动在文档流之上了。这样，section 内部的文档流都被抽空，它就失去了自身的高度，也就是高度"塌陷"了。

要解决这一问题，我们通常通过在父元素中添加一个不浮动的子元素来清除浮动带来的影响，而为了 DOM 结构的简洁，这一任务常常通过:after 伪元素来完成。代码如下：

```
section:after{
        content: "";
        display: table;
        clear: both;
        }
```

以上是一种非常经典的清除浮动的做法，也是我们目前最常用的清除浮动的方法之一。现在 section 的灰色背景和边框线又重新出现了，如图 12-18 所示。

图 12-18　清除浮动后的效果

说明：老版本 IE 不支持:after 伪元素，可以通过手动插入一段 DOM 结构的方法来清除浮动。

我们在制作 Web 页面时，由于在页面的很多地方都需要清除浮动，因此往往把清除浮动的代码统一设置为一个 clearfix 类，以便于重复调用。代码如下：

```
.clearfix:before, .clearfix:after{
    content: "";
    display: table;
}
.clearfix:after{
    clear: both;
}
```

创建好 clearfix 类后，就可以方便地将其添加在任何一个需要清除浮动的元素中了，代码如下：

```
<section class="clearfix">…</section>
```

现在两列的图文内容紧紧贴在 section 的边缘，我们需要为它们腾出一些空间，代码如下：

```
section{
  /*其他代码略*/
box-sizing: border-box;
    padding: 40px;
    }
article{
    /*其他代码略*/
    width:49%;
    }
article:first-child{
    margin-right: 2%;
}
```

在以上代码中，我们为 section 增加了 40 像素的内边距，为了避免这一举动对 section 的整体宽度产生影响，我们设置了其 box-sizing 属性为 border-box。而由于两列图文的宽度采用的是百分比单位，因此，当为 section 设置 padding 数值时，也不用担心这一举动会使内部宽度空间过小，从而影响两列的左右排列。现在两列图文紧密地靠在一起，为了使其中间有一些空隙，在此将两者的宽度从 50%修改为 49%，将留出来的 2%空间作为左列图文的右外边距，效果如图 12-19 所示。

图 12-19 添加边距后的效果

接下来，我们为标题和段落文字添加一些样式修饰，代码如下：

```
h1{
    font-size: 32px;
    margin-bottom: 15px;
    }
p{
    font-size:15px;
    color: #777;
    }
h1,p{
    width: 65%;
    margin-left: 35%;
    font-family: "微软雅黑";
    }
```

以上代码的主要目的是将 h1 和 p 的宽度缩减，从默认的 100%缩小为 65%，并留出左侧 35%的外边距，以便于为后面的图片留出展示空间。测试效果如图 12-20 所示。

图 12-20　标题和文字样式调整后的效果

最后我们要做的就是将图片调整到每一列的左上角。虽然使用 margin-top 也能实现这一效果，但是在整个文档流中，margin-top 的数值要根据图片之前的内容高度来做相应调整。比如在本例中，如图 12-20 所示，两列的文字高度并不相同，这就意味着每一列都需要分别测量这一数值。而最简单的方法就是使用绝对定位，将 img 的 top 设置为 0 即可，代码如下：

```
article{
    position: relative;
    }
img{
    position: absolute;
    top: 0;
    }
```

两列图文的最终测试效果如图 12-21 所示。

图 12-21　两列布局最终效果

12.3.4　float 多栏布局

float 多栏布局效果如图 12-22 所示。

图 12-22　float 多栏布局效果

代码如下：

```html
<!DOCTYPE html>
<html>
    <head>
        <meta charset="UTF-8">
        <title>float 多栏布局</title>
        <link href="webstyle.css" type="text/css" rel="stylesheet"/>
    </head>
    <body>
    <!-- 页面开始 -->
    <div id="wrapper">
```

```html
<!-- 页首开始 -->
<header>
 <nav>
  <ul>
    <li><a href="#">首页</a></li>
    <li><a href="#">Web 前端</a></li>
    <li><a href="#">HTML5</a></li>
    <li><a href="#">JavaScript</a></li>
    <li><a href="#">JQery</a></li>
    <li><a href="#">资源下载</a></li>
    <li><a href="#">开发工具</a></li>
    <li><a href="#">前端论坛</a></li>
  </ul>
 </nav>
 </header>
<!-- 页首结束 -->
<!-- 第一栏开始 -->
<div id="content">
    <article>
        <h1>
            web 前端开发工程师
        </h1>
        <section>
         <h2>简介</h2>
         <p>
            Web 前端开发工程师是一个很新的职业，在国内乃至国际上真正开始...
         </p>
        </section>
        <section>
            <h2>
                为什么要进行网站重构呢？
            </h2>
            <p>
            对自网站进行重构有两个方面的原因：第一，根据 W3C 标准...
            </p>
        </section>
        <section>
            <h2>
                Web 前端开发三要素
            </h2>
            <p>
                Web 前端开发技术包括三个要素：HTML、CSS 和 JavaScript，...
            </p>
        </section>
```

```
        <section>
            <h2>
                具备条件
            </h2>
            <p>
                所以一名优秀的前端开发工程师, 不单单需要掌握前端必须...        </p>
            <h3>
                如何才能做得更好呢?
            </h3>
            <p>
                第一, 必须掌握基本的 Web 前端开发技术, 其中包括: CSS...
            </p>
        </section>
        <section>
            <h2>
                web 前端工程师现状
            </h2>
            <p>
                人民网上海 11 月 13 日电,《上海互联网行业人才紧缺...
            </p>
            <p>
                在上海互联网行业的细分职能中, 排名前十的绝大多数为技术...        </p>
        </section>
    </article>
</div>
<!--第一栏结束  -->
<!--第二栏开始  -->
<div id="sidebar">
    <aside>
    <h2>参考资料</h2>
    <ul>
    <li><a href="#">HTML5 技术差异特征理解</a></li>
    <li><a href="#">HTML 的时代到来</a></li>
    <li><a href="#">HTML5 标准</a></li>
    <li><a href="#">HTML5 框架</a></li>
    <li><a href="#">HTML5 的 N 个最常见问题</a></li>
    <li><a href="#">W3C 正式宣布完成 HTML5 规范</a></li>
    <li><a href="#">HTML5 规范开发完成, 可能成为主流</a></li>
    <li><a href="#">应用 HTML5 须知五则</a></li>
    </ul>
    </aside>
    <aside>
    <h2>扩展阅读</h2>
    <ul>
```

```html
            <li><a href="#">HTML5 的未来</a></li>
            <li><a href="#">你不知道的 HTML5 开发工具</a></li>
            <li><a href="#">HTML5 引领下的 Web 革命</a></li>
            <li><a href="#">HTML 亟待解决的 4 大问题</a></li>
            <li><a href="#">HTML5 巨头的游戏</a></li>
            <li><a href="#">HTML5 在应用层的表现</a></li>
            <li><a href="#">测试浏览器是否支持 HTML5</a></li>
            <li><a href="#">免费 HTML5 图标库 jChartFX</a></li>
            <li><a href="#">HTML 之 article 与 section 的区别</a></li>
        </ul>
      </aside>
    </div>
    <!-- 第二栏结束 -->
    <!-- 页脚开始 -->
    <footer class="clearfix">
      <p>Copyright 2017</p>
    </footer>
    <!-- 页脚结束 -->
    </div>
    <!-- 页面结束 -->
      </body>
</html>
```

webstyle.css
```css
@charset "utf-8";
/* CSS Document */
* {
    margin: 0px;
    padding: 0px;
}
body {
    font-size: 12px;
    padding-top: 10px;
}
#wrapper {
    width: 800px;
    border: 1px solid #CCC;
    margin:0 auto;
}
header {
    background-image: url(img/navbg.png);
}
header ul {
    list-style-type: none;
    padding: 8px 0 8px 20px;
```

```
}
header li {
    display: inline;
    margin:0 12px;
}
header a:link, header a:visited {
    text-decoration: none;
    color: #F5F5F5;
    font-weight: bold;
}
header a:hover {
    color: #000;
}
#content {
    float: left;
    width: 524px;
    padding:5px 10px 5px 15px;
    border-right: 1px dotted #ccc;
}
#content h1 {
    text-align: center;
    font-size: 26px;
    margin-top: 30px;
    margin-bottom: 20px;
    font-family: "黑体";
}
#content h2 {
    font-size: 14.7px;
    font-family: "微软雅黑";
    text-indent: 2em;
    margin-top: 20px;
    margin-bottom: 10px;
}
#content p {
    text-indent: 2em;
    margin-top: 10px;
    margin-bottom: 10px;
}
#sidebar {
    float: right;
    width: 240px;
    margin-left: 10px;
    margin-top: 85px;
}
```

```
aside {
    border-left-width: 1px solid #ccc;
    border-bottom-style: 10px  solid #ccc;
}
#sidebar h2 {
    background-color: #2267B5;
    font-size: 12px;
    color: #F5F5F5;
    padding: 5px 0 5px 20px;
}
#sidebar ul {
    margin-left: 30px;
}
#sidebar li {
    margin: 8px 0;
}
#sidebar a:link, #sidebar a:visited {
    color: #000;
    text-decoration: none;
}
#sidebar a:hover {
    text-decoration: underline;
}
footer {
    padding: 8px 0 8px 15px;
    font-family: Arial, Helvetica, sans-serif;
    clear: both;
    background-image: url(img/navbg.png);
    color: #FFF;
        text-align:center;
}
```

　　通常看到的网页，会把页面内容宽度控制在一个适当的范围内（一般不超过 1000px），并将整个页面内容水平居中放置，内容区域之外的两侧则显示为网页背景颜色或背景图片，如图 12-22 所示的效果。

　　要制作这样的页面，首先要有一个 id 为 wrapper（意思是包装袋，也可以命名为其他名字）的 div 元素，将页面中所有的元素都写在该 div 中。在本例中，首先限制 wrapper 的宽度，width 属性设置宽度为 800 像素，margin 属性设置上下外边距为 0，左右外边距自动，即为水平居中。

```
#wrapper {
        width :800px;
        margin :0 auto;
    }
```

12.4　盒布局与弹性盒布局

12.4.1　盒布局

使用 float 属性和 clear 属性可以实现多栏布局,但是每个栏目条的高度随栏目中内容的多少不同而不一致,从而会导致多个栏目底部不能对齐,尤其是当每个栏目都设置了背景颜色或背景图片时。

下面以一个三列布局作为例子,使用 float 属性将它们设为并列放置,并设置不同的背景颜色,代码如下:

```
<div id="wrapper">
   <div class="col" >
     <img src="img/location.png"  />
     <h1>地理定位</h1>
     <p>地理定位指的是搜索引擎根据用户所在位置及关键词…</p>
</div>
<div class="col" >
     <img src="support.png"  />
     <h1>技术支持</h1>
     <p>技术支持分售前技术支持和售后技术支持,售前技术支持是指在销售…</p>
</div>
<div class="col">
     <img src="img/active.png"  />
     <h1>最新活动</h1>
     <p>为消费者提供新鲜、全面的导购资讯;为消费者提供各类优惠券与…</p>
   </div>
</div>
```

在以上代码中存在两层 div 嵌套,外层是 id 属性名为 wrapper 的 div 元素,它包裹了所有内容,在其下有三个类名为 col 的 div 元素,每个元素代表一列,每一列中含有一张图片、一个标题元素和一段说明文字。

首先,我们设置一些基本样式,以形成三列的布局效果,代码如下:

```
#wrapper{
     width: 100%;
     }
.col{
   width: 33.33%;
   float: left;
   text-align: center;
   box-sizing: border-box;
   padding: 20px;
   color: #fff;
```

```
        background: #53868b;
    }
.col img{
    width: 30%;
    margin-top: 30px;
    }
```

在以上代码中，首先设置 wrapper 的宽度为 100%，然后设置每一列的宽度为三分之一，即 33.33%，并左浮动形成三列效果。还为每一列设置了深蓝色背景颜色，将文字设置为白色。最后调整了一下图片的大小和位置，使其显示得较为美观。效果如图 12-23 所示。

图 12-23　float 三列布局效果

为了使三列的高度有更明显的区分，我们分别为第 2、3 列设置不同的背景色，代码如下：

```
.col:nth-child(2){
        background: #3498db;
    }
.col:nth-child(3){
        background: #67aeef;
    }
```

上述代码在浏览器中的显示效果如图 12-24 所示。

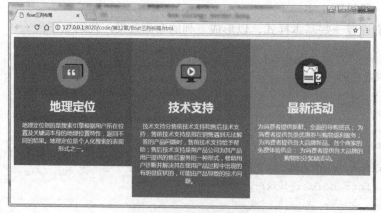

图 12-24　三列背景色效果

　　现在的问题是，以上三列布局中每一列的文字内容长度不同，导致各列的高度也不相同，这又间接导致每一列的背景块参差不齐。如何为这些列设置相同的高度，以使得背景色块看上去高度一致呢？一种最简单的方法是为每列都设置一个固定的高度值，如 500 像素。但在实际开发中，每一列的内容都可能会随着数据的不同而动态变化，以至于高度值也是动态变化的，我们无法得到一个精确的高度值。

　　在 CSS3 中，可以通过 box 属性来使用盒布局，针对 Firefox 浏览器，需要将其写为-moz-box，针对 Safari 浏览器或者 Chrome 浏览器，需要将其写为-webkit-box，IE 浏览器不支持该属性。

　　在本例中，使用盒布局的方式，首先删掉之前对 col 类设置的左浮动，然后在 wrapper 中使用 box 属性，其代码如下：

```
#wrapper{
display:-moz-box;
display:-webkit-box;
}
```

　　设置盒布局后的效果如图 12-25 所示。

图 12-25　盒布局效果

　　可以看出，三个栏目的高度对齐，且各自栏目中的内容相互不干扰。

12.4.2　弹性盒布局

1. 弹性盒布局范例

　　百分比布局虽然灵活，但是各种宽度、间距数值的计算也是一件让人心烦的事情。事实上还有一种更加灵活的布局模型，即 Flexbox，我们称之为弹性盒布局模型（Flexible Box Model）。

　　Flexbox 对于移动端有着特别的意义。在传统的定位方式中充斥着各种 float 属性，浮动对于移动端来说就是对渲染性能的消耗。而在 Flexbox 中，浮动成为历史，这变相提升了移动端的效能，此外，开发者也不必再去计算那些让人烦恼的 margin、padding、width 和 height，而是可以把这一切交给 Flexbox，由它来选择最佳的空间利用方式。

　　我们仍然以 12.4.1 节盒布局的代码作为范例。如果我们想让这三个 div 元素的总宽度随着浏览器窗口宽度的变化而变化，就需要使用 box-flex 属性，使盒布局变为弹性盒布局。针对 Firefox 浏览器，需要将其写为-moz-box-flex，针对 Safari 浏览器或者 Chrome 浏览器，需要将其写为-webkit-box-flex，IE 浏览器不支持该属性。

此外，由于将所有内容包裹起来的 id 为 wrapper 的 div 元素设置了 box 属性，因此整个页面内容无法保持页面居中。为此要做一些调整，设置左、右侧边栏的宽度不变，中间栏的宽度随着浏览器窗口的宽度而变化，这三部分的宽度为浏览器窗口的 80%，但最大不超过 1000px。

为了实现这一需求，我们先使用 id 为 container 的 div 将 wrapper 包裹起来。代码如下：

```
<body>
<div id="container">
<div id="wrapper">
  <div class="col" id="left" >
    <img src="img/location.png"  />
    <h1>地理定位</h1>
    <p>地理定位指的是搜索引擎根据用户所在位置及关键词...</p>
  </div>
  <div class="col" id="center">
    <img src="support.png"  />
    <h1>技术支持</h1>
    <p>技术支持分售前技术支持和售后技术支持，售前技术支持是指在销售...</p>
  </div>
  <div class="col" id="right">
    <img src="img/active.png"  />
    <h1>最新活动</h1>
    <p>为消费者提供新鲜、全面的导购资讯；为消费者提供各类优惠券与...</p>
  </div>
</div>
</div>
</body>
```

接着设置作为网页元素容器的 container 的宽度及居中属性：

```
#container{
    width: 80%;
    max-width: 1000px;
    margin: 0 auto;
    }
```

然后设置中间栏，即 id 为 center 的 div 的样式，将宽度改为 box-flex: 1，设置其为弹性大小，左侧栏和右侧栏的宽度固定为 150px，代码如下：

```
#wrapper{
        display:-moz-box;
        display:-webkit-box;
      }
.col{
    /*width: 33.33%;*/
```

```
    text-align: center;
    box-sizing: border-box;
    padding: 20px;
    color: #fff;
    background: #53868b;
    }
.col img{
    width: 30%;
    margin-top: 30px;
    }
.col:nth-child(2){
    background: #3498db;
    }
.col:nth-child(3){
    background: #67aeef;
    }
#left{
    width: 150px;
    }
#right{
    width: 150px;
    }
#center{
    -moz-box-flex: 1;
    -webkit-box-flex: 1;
    }
```

测试效果如图 12-26 和图 12-27 所示，在不同分辨率下中间栏的宽度不同，但页面总宽度不超过 1000px。

图 12-26　不同分辨率下的弹性盒布局效果一

图 12-27　不同分辨率下的弹性盒布局效果二

2. 改变元素的排列方向

使用弹性盒布局的时候，我们可以很简单地将多个元素的排列方向从水平方向修改为垂直方向，或者从垂直方向修改为水平方向。在 CSS3 中，使用 box-orient 来指定多个元素的排列方向，针对 Firefox 浏览器，需要将其写为-moz-box-orient，针对 Safari 浏览器或者 Chrome 浏览器，需要将其写为-webkit-box-orient，IE 浏览器不支持该属性。Box-orient 属性默认值为 horizontal（水平方向排列），也就是说，在不设置该属性的时候元素都是按照水平的方式排列的，如果布局需要也可将其值设为 vertical（垂直方向排列）。

在上面弹性盒布局范例的基础上，将水平放置的三个 div 元素改为垂直放置。由于网页内容的总宽度由 container 元素设为了 80％，最大不超过 1000px，因此在垂直排列时不需要再设置每个 div 的宽度，它们的宽度都和 container 相同。同理，由于宽度已由 container 元素决定，故无须在 content 元素中设置 box-flex 属性。在设置过 box 属性的 wrapper 中加入 box-orient 属性，并设置属性值为 vertical，则左侧边栏、中间栏、右侧边栏的排列方向将由水平方向排列变为垂直方向排列，如图 12-28 所示。

图 12-28　弹性盒布局——垂直排列

```
#container{
    width: 80%;
    max-width: 1000px;
    margin: 0 auto;
```

```
        }
#wrapper{
            display:-moz-box;
            display:-webkit-box;
            -moz-box-orient: vertical;
            -webkit-box-orient: vertical;
    }

.col{
        text-align: center;
        box-sizing: border-box;
        padding: 20px;
        color: #fff;
        }
.col img{
        width: 10%;
        margin-top: 10px;
        }
#left{
        background: #53868b;
            }
#right{
        background: #67aeef;
        }
        #center{
        background: #3498db;
            }
```

3. 改变元素的显示顺序

使用弹性盒布局的时候，可以通过 box-ordinal-group 属性来改变各元素的显示顺序。可以在每个元素的样式中加入 box-ordinal-group 属性，该属性使用一个表示序号的整数属性值，浏览器在显示的时候根据该序号从小到大来显示这些元素。

针对 Firefox 浏览器，需要将其写为-moz-box-ordinal-group，针对 Safari 浏览器或者 Chrome 浏览器，需要将其写为 -webkit-box-ordinal-group，IE 浏览器不支持该属性。

例如，要将上面的弹性盒布局范例中左、右侧边栏的顺序对调，将右侧边栏放在左侧，左侧边栏放在右侧，可以在代表左侧边栏、中间栏、右侧边栏的 div 元素中都加入 box-ordinal-group 属性，并在该属性中指定显示时的序号，这里将右侧边栏序号设为 1，中间栏序号设为 2，左侧边栏序号设为 3。样式代码如下：

```
#container{
        width: 80%;
        max-width: 1000px;
        margin: 0 auto;
        }
#wrapper{
            display:-moz-box;
```

```
            display:-webkit-box;
        }
.col{
    text-align: center;
    box-sizing: border-box;
    padding: 20px;
    color: #fff;
    }
.col img{
    width: 30%;
    margin-top: 30px;
    }
#left{
    width: 150px;
    background: #53868b;
    -moz-box-ordinal-group: 3;
    -webkit-box-ordinal-group: 3;
    }
#right{
    width: 150px;
    background: #67aeef;
    -moz-box-ordinal-group: 1;
    -webkit-box-ordinal-group: 1;
    }
#center{
    -moz-box-flex: 1;
    -webkit-box-flex: 1;
    background: #3498db;
    -moz-box-ordinal-group: 2;
    -webkit-box-ordinal-group: 2;
    }
```

显示效果如图 12-29 所示，左侧边栏到了右侧，右侧边栏到了左侧。

图 12-29　弹性盒布局——改变显示顺序

12.5　position 定位

12.5.1　position

position 属性规定元素的定位类型，这个属性定义建立元素布局所用的定位机制。通过使用 position 属性，我们可以选择四种不同类型的定位，这会影响元素框生成的方式。position 属性值的含义分别如下。

（1）static：默认值，元素没有定位，元素出现在正常的流中（忽略 top、bottom、left、right 或者 z-index 声明）。

（2）relative：相对定位，元素相对于其正常位置进行定位，可以通过 top、left、right、bottom 四个值来设定元素的偏移。如下面的代码：

```
<! doctype html>
<html>
<head>
<meta charset="utf-8">
<title> 相对定位</title>
<style type="text/css">
div{
    width:200px;
    height:100px;
    border:1px solid #000;
      background-color:yellow;
}
div#pos_left
{
    position:relative;
    left:-50px;
      background: green;
}
div#pos_right
{
    position:relative;
    left:50px;
      background: burlywood;
}
</style>
</head>
<body>
<div> 正常位置</div>
<div id="pos_left"> 相对于其正常位置向左移动</div>
<div id="pos_right"> 相对于其正常位置向右移动</div>
</body>
</html>
```

效果如图 12-30 所示。

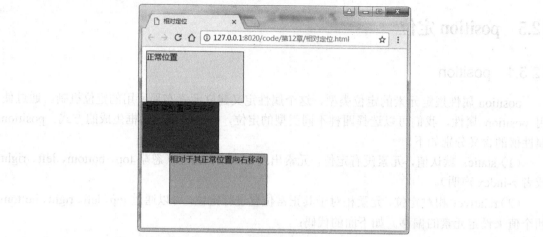

图 12-30　相对定位

（3）absolute：绝对定位，允许灵活地设置元素的位置，同时，该方式定位的元素将不占用"位置"。元素原先在正常文档流中所占的空间会关闭，就好像元素原本不存在一样。元素定位后生成一个块级框，而不论原来它在正常流中生成何种类型的框。如下面的代码：

```
<! doctype html>
<html>
<head>
<meta charset="utf-8">
<title> 绝对定位</title>
<style type="text/css">
div
    {
    width: 200px;
    height: 200px;
    border: 1px solid #000000;
    float: left;
    }
    #left{
        background: #53868B;
    }
    #center{
        background: #DEB887;
        position: absolute;
        top:30px;
        left:40px;
    }
    #right{
        background: #008000;
    }
</style>
```

```
</head>
<body>
<div id="left">left</div>
    <div id="center">绝对定位<br>left:40px;<br>top:30px;</div>
    <div id="right">right</div>
</body>
</html>
```

效果如图 12-31 所示。

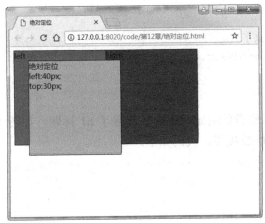

图 12-31　绝对定位

从图中可以发现中间的 div 脱离了文档流，右侧和左侧的 div 挨在一起了，现在中间 div 的位置是从浏览器的左上角开始计算位置的，即向右移动 40 像素，向下移动 30 像素。

绝对定位也是有相应的位置参照物的，这个参照物就是元素的父元素。绝对定位的使用：通常是父级定义 position:relative 相对定位，子级定义 position:absolute 绝对定位属性，并且子级使用 left、right、top 或 bottom 进行绝对定位。

（4）fixed：相对于浏览器窗口的绝对定位。

12.5.2　z-index

当页面中多个块框发生相互重叠时（如上例中绝对定位的 div 覆盖在其他两个 div 之上的效果），就涉及一个层级关系，我们可以通过 z-index 属性指定它们的叠放次序。z-index 属性设置一个定位元素沿 z 轴的位置，z 轴定义为垂直延伸到显示区的轴。z-index 数值最大的层显示在最上边，即如果为正数则离用户较近，为负数则离用户较远。如下面的代码：

```
<! doctype html>
<html>
<head>
    <meta charset="UTF-8">
    <title>z-index</title>
    <style type="text/css">
    img
        {
```

```
    position:absolute;
    left:0px;
    top:0px;
    }
        h1{
        text-align: center;
        color: white;
        }
    </style>
    </head>
    <body>
        <h1>大学，我来了！</h1>
        <img src="img/daxue.jpg" />
    </body>
</html>
```

上面的代码中，图像设置绝对定位以后，覆盖了 h1 标题，如图 12-32 所示。我们可以通过 z-index 属性降低它的堆叠顺序。代码如下：

```
img{
    z-index=-1;
}
```

这样 h1 标题就叠放在图像的上面，效果如图 12-33 所示。

图 12-32　z-index 改变叠放顺序前

图 12-33　z-index 改变叠放顺序后

12.5.3　clip

clip 属性用于定义一个剪裁矩形。该属性控制对 HTML 元素进行裁剪，其属性值如下。

（1）auto：不裁剪。

（2）rect（number number number number）：用于在目标元素上定义一个矩形，对于一个绝对定位元素，在这个矩形内的内容才可见。如下面的代码：

```
<! doctype html>
<html>
<head>
```

```
<meta charset="utf-8">
<title> clip</title>
<style type="text/css">
img{
    position:absolute;
    clip:rect(20px 150px 100px 20px);
    overflow:auto;
}
</style>
</head>
<body>
<img src="images/wuruan.jpg">
</body>
</html>
```

使用 clip 前后的效果分别如图 12-34 和图 12-35 所示。

图 12-34　使用 clip 前

图 12-35　使用 clip 后

本章小结

本章涵盖了很多内容。首先对布局核心技巧进行了介绍，然后讲述了经典的几类页面布局案例及其相关知识，包括图文混排、float 多栏布局、盒布局、position 定位等，它们基本涵盖了当前的主流布局方式。读者在学习的过程中应多动脑思考，不要被某一种具体的解决方法所束缚，可以考虑多样化的实现途径。

练习与实训

1. 用图文混排方式设计并制作一个个人主页。
2. 选择一种布局方式设计并制作一个企业网站首页。

第 13 章 | 使用 JavaScript 脚本语言 实现网页动态效果

 本章导读

网页通常是需要具有交互功能的，利用 JavaScript 可以实现与用户的交互，动态改变网页内容、数据验证等。JavaScript 用于设计具有客户端交互的静态页面。本章介绍了 JavaScript 的基本语法、常用内置对象、文档对象模型和用户验证等知识。

13.1 JavaScript 简介

13.1.1 JavaScript 的概念和特点

JavaScript 是一种基于对象和事件驱动并具有安全性能的脚本语言。使用它的目的是与 HTML 超文本标记语言、Java 脚本语言（Java 小程序）一起实现在一个 Web 页面中链接多个对象，与 Web 客户交互作用，从而可以开发客户端的应用程序等。它是通过嵌入或调入在标准的 HTML 语言中实现的。它的出现弥补了 HTML 语言的缺陷，它是 Java 与 HTML 折中的选择，具有以下几个基本特点。

1. 脚本编写语言

JavaScript 是一种脚本语言，它采用小程序段的方式实现编程。像其他脚本语言一样，JavaScript 同样是一种解释性语言，它提供了一个容易的开发过程。它的基本结构形式与 C、C++、VB、Delphi 十分类似。但它不像这些语言一样，需要先编译，而是在程序运行过程中被逐行地解释。它与 HTML 标识结合在一起，从而方便用户的使用操作。

2. 基于对象的语言

JavaScript 是一种基于对象的语言，同时也可以看作是一种面向对象的。这意味着它能运用自己已经创建的对象。因此，许多功能来自于脚本环境中对象的方法与脚本的相互作用。

3. 简单性

JavaScript 的简单性主要体现在：首先，它是一种基于 Java 基本语句和控制流之上的简单而紧凑的设计，从而对于学习 Java 是一种非常好的过渡；其次，它的变量类型采用弱类型，并未使用严格的数据类型。

4. 安全性

JavaScript 是一种安全性语言，它不允许访问本地的硬盘，并不能将数据存入到服务器上，不允许对网络文档进行修改和删除，只能通过浏览器实现信息浏览或动态交互，从而有效地防止数据的丢失。

5．动态性

JavaScript 是动态的，它可以直接对用户或客户输入做出响应，无须经过 Web 服务程序。它对用户的响应，是采用以事件驱动的方式进行的。所谓事件驱动，就是指在主页（Home Page）中执行了某种操作所产生的动作。如按下鼠标、移动窗口、选择菜单等都可以视为事件。当事件发生后，可能会引起相应的事件响应。

6．跨平台性

JavaScript 依赖于浏览器本身，与操作环境无关，只要是能运行浏览器的计算机，并支持 JavaScript 的浏览器就可以正确执行，从而实现"编写一次，走遍天下"的梦想。

实际上 JavaScript 的最杰出之处在于可以用很小的程序做大量的事。无须高性能的计算机，软件仅需一个字处理软件和一个浏览器，无须 Web 服务器通道，通过自己的计算机即可完成所有的事情。

综上所述，JavaScript 是一种新的描述语言，它可以被嵌入到 HTML 的文件之中。JavaScript 语言可以做到回应使用者的需求事件（如 form 的输入），而不用任何的网路来回传输资料，所以当一位使用者输入一项资料时，它不用经过传给服务器（server）处理、再传回来的过程，而直接可以被客户端（client）所处理。

JavaScript 可以弥补 HTML 语言的缺陷，实现 Web 页面客户端的动态效果，其主要作用如下：

➢　动态改变网页内容

HTML 语言是静态的，一旦编写，内容是无法改变的。JavaScript 可以弥补这种不足，可以将内容动态地显示在网页中。

➢　动态改变网页的外观

JavaScript 通过修改网页元素的 CSS 样式，可以动态地改变网页的外观。

➢　验证表单数据

为了提高网页的效率，用户在填写表单时，可以在客户端对数据进行合法性验证，验证成功之后，才能提交到服务器上，进而减少服务器的负担和网络带宽的压力。

➢　响应事件

JavaScript 是基于事件的语言，因此可以影响用户或浏览器产生的事件。只有事件产生时才会执行某段 JavaScript 代码。例如，当用户单击计算按钮时，程序才显示运行结果。

13.1.2　JavaScript 与 Java

虽然 JavaScript 与 Java 有紧密的联系，但它们却是两个公司开发的两个不同的产品。Java 是 SUN 公司推出的新一代面向对象的程序设计语言，特别适合于 Internet 应用程序开发，其前身是 Oak 语言；而 JavaScript 是 Netscape 公司的产品，是为了扩展 Netscape Navigator 功能而开发的一种可以嵌入 Web 页面中的基于对象和事件驱动的解释性语言，它的前身是 Live Script。

下面对两种语言间的异同进行比较。

1．基于对象和面向对象

Java 是一种真正的面向对象的语言，即使是开发简单的程序，必须设计对象。
JavaScript 是一种脚本语言，它可以用来制作与网络无关的，与用户有交互作用的复杂软件。它是一种基于对象（object based）和事件驱动（event driver）的编程语言，因而它本身提供了非常丰富的内部对象供设计人员使用。

2. 浏览器执行方式不同

两种语言在其浏览器中的执行方式不一样。Java 的源代码在传递到客户端执行之前，必须经过编译，因而客户端上必须具有相应平台上的仿真器或解释器，它可以通过编译器或解释器实现独立于某个特定的平台编译代码。

JavaScript 是一种解释性编程语言，其源代码在发往客户端执行之前不需要经过编译，而是将文本格式的字符代码发送给客户端由浏览器解释执行。

3. 强变量和弱变量

两种语言所采取的变量是不一样的。

Java 采用强类型变量检查，即所有变量在编译之前必须进行声明。例如：

```
Integer x;
String y;
x = 1234;
y = "4321";
```

其中 x = 1234，说明是一个整数，y = "4321"，说明是一个字符串。

JavaScript 中的变量声明采用弱类型，即变量在使用前不需要进行声明，而是解释器在运行时检查其数据类型。例如：

```
x =1234;
y = "4321";
```

前者说明 x 为数值型变量，而后者说明 y 为字符型变量。

4. 代码格式不一样

Java 是一种与 HTML 无关的格式，必须通过像 HTML 中引用外媒体那样进行装载，其代码以字节代码的形式保存在独立的文档中。

JavaScript 的代码是一种文本字符格式，可以直接嵌入 HTML 文档中，并且可以动态装载。编写 HTML 文档就像编辑文本文件一样方便。

5. 嵌入方式不一样

在 HTML 文档中，两种编程语言的标识不同，JavaScript 使用<Script>...</Script>来标识，而 Java 使用<applet>...</applet>来标识。

6. 静态联编和动态联编

Java 采用静态联编，即 Java 的对象引用必须在编译时进行，以使编译器能够实现强类型检查。

JavaScript 采用动态联编，即 JavaScript 的对象引用在运行时进行检查，若不经编译则无法实现对象引用的检查。

13.1.3 第一个 JavaScript 程序

下面我们来体会一下 JavaScript 语言的特性。以下程序使用 JavaScript 代码在页面中输出一串字符串。

实例代码 13-1：

```
<!DOCTYPE html>
<html>
    <head>
        <meta charset="utf-8" />
        <title></title>
    </head>
    <body>
        <br/>我的第一个 JavaScript 程序。<br/>
        <script type="text/JavaScript">
            document.write("这里是 JavaScript 代码输出来的!! ");
        </script>
        <br/>到这里文档内容结束了。
    </body>
</html>
```

在以上源代码中，其中

```
<script type="text/JavaScript">
            document.write("这里是 JavaScript 代码输出来的!! ");
</script>
```

是嵌在 HTML 代码中的 JavaScript 代码，用来在 HTML 页面中输出文字"这里是 JavaScript 代码输出来的！！"。

使用 Chrome 浏览器的实例效果如图 13-1 所示。

JavaScript 脚本语言目前所有的浏览器都是支持的。但是有些浏览器可能禁用了脚本的执行，这时需要取消禁用，JavaScript 代码才能够执行。如果浏览器禁用了 JavaScript，则 JavaScript 的代码输出将无法显示，如图 13-2 所示。

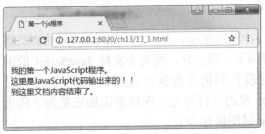

图 13-1　第一个 JavaScript 程序效果

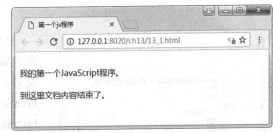

图 13-2　脚本禁用后的效果

将鼠标移到地址栏中的红色叉上，将会显示提示信息：已拦截此网页上的 JavaScript。这时，需要启动 JavaScript 的运行。

打开 Chrome 浏览器的设置窗口，打开"隐私设置"中的"内容设置"窗口，如图 13-3 所示。找到 JavaScript 项，选择"允许所有网站运行 JavaScript（推荐）"。

在 IE 浏览器中同样存在此设置。选择 IE 浏览器菜单中的"工具"/"Internet 选项"命令，打开"Internet 选项"对话框，选择"安全"选项卡，选择 Internet 安全设置项，单击"自定义级别"按钮，打开如图 13-4 所示的对话框。将"Java 小程序脚本"和"活动脚本"两个选项设置为"启用"状态，单击"确定"按钮，即可开启 IE 浏览器支持 JavaScript 脚本的功能。

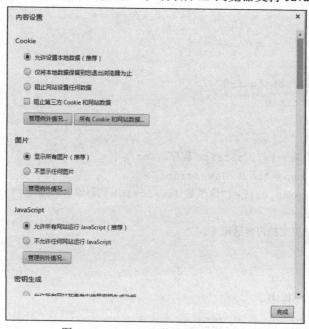

图 13-3   Chrome 浏览器的设置窗口

对不支持 JavaScript 的浏览器，可以有两种处理方式。

1. 隐藏 JavaScript 代码

对不支持 JavaScript 的浏览器，可以使用如下的方法对它们隐藏 JavaScript 代码：

```
<script type="text/javascript">
    <!--
    document.write("这里是 JavaScript 代码输出来的!! ");
    // -->
</script>
```

图 13-4   IE 浏览器的设置窗口

<!-- -->里的内容对于不支持 JavaScript 的浏览器来说就等同于一段注释，而对于支持 JavaScript 的浏览器，这段代码仍然会执行。至于"//"符号则是 JavaScript 里的注释符号，在这里添加它是为了防止 JavaScript 试图执行-->。

2. 使用<noscript>标签输出提示信息

在 HTML5 中新增了<noscript>标签，可以应用<noscript>标签验证是否支持 JavaScript 脚本。

如果当前浏览器支持 JavaScript 脚本，则该浏览器将会忽略<noscript>...</noscript>标记之间的任何内容，否则将会显示出来。

实例代码 13-2:

```
<!DOCTYPE html>
<html>
    <head>
        <meta charset="UTF-8">
        <title>noscript 标签</title>
    </head>
    <body>
        <br/>我的第一个 JavaScript 程序。<br/>
        <script type="text/javascript">
            document.write("这里是 JavaScript 代码输出来的!! ");
        </script>
        <noscript> <strong>浏览器不支持 JavaScript! </strong></noscript>
        <br/>到这里文档内容结束了。
    </body>
</html>
```

Chrome 浏览器禁用 JavaScript 脚本后的运行效果如图 13-5 所示。

图 13-5　Chrome 浏览器禁用
JavaScript 脚本的效果

13.2　在 html 文档中使用脚本代码

JavaScript 程序本身并不能独立存在，它要依附于某个 HTML 页面，在浏览器端运行。JavaScript 本身作为一种脚本语言可以放在 HTML 页面中的任何位置，但是浏览器解释 HTML 时是按照先后顺序的，随意放在前面的程序会被优先执行。在 HTML 页面中引入 JavaScript 代码有三种方式，分别是内部引用、外部引用和内联引用。

在 HTML 文档中可以使用<script>…</script>标记将 JavaScript 脚本嵌入到其中，在 HTML 文档中可以使用多个<script>标记，每个<script>标记中可以包含多个 JavaScript 的代码集合。

<script>标记常用的属性及说明如下所示。

1）src 属性

src 属性用来指定外部脚本文件的路径，外部脚本文件通常使用 JavaScript 脚本，其扩展名为.js。src 属性使用的格式如下：

```
<script src="01.js">
```

2）type 属性

type 属性用来指定 HTML 中使用的是哪种脚本语言及其版本，此属性为必选属性。type 属性使用格式如下：

```
<script type="text/javascript">
```

3）defer 属性

defer 属性的作用是当文档加载完毕后再执行脚本，当脚本语言不需要立即运行时，设置 defer 属性后，浏览器将不必等待脚本语言装载。这样页面加载会更快。但当有一些脚本需要在页面加载过程中或加载完成后立即执行时，就不需要使用 defer 属性。Defer 属性使用格式如下：

```
<script defer >
```

13.2.1 内部引用 JavaScript

<script>标签可以位于 head 部分，也可以位于 body 部分。浏览器在解释执行时会按照先后顺序依次执行。

实例代码 13-3：

```
<!DOCTYPE html>
<html>
    <head>
        <meta charset="UTF-8">
        <title>内部引用 js</title>
        <script type="text/javascript">
            document.write("这里是 JavaScript 代码输出来的!! ");
        </script>
    </head>
    <body>
    </body>
</html>
```

Chrome 浏览器下的运行效果如图 13-6 所示。

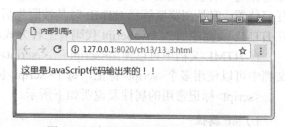

图 13-6　内部引用 JavaScript 运行效果

13.2.2 外部引用 JavaScript

外部引用就是引用 HTML 文件外部的 JavaScript 文件，类似于在 HTML 文件中引用外部的 CSS 文件。这种方式可以使代码更清晰，更容易扩展。将 JavaScript 代码以一个单独的外部脚本文件保存，该外部脚本文件为包含 JavaScript 代码的纯文本文件，通常扩展名为".js"。然后，在 HTML 文件中通过<script>标签的 src 属性指定 URL 来调用该外部文件。

实例代码 13-4：

js 文件（one.js）：

```
document.write("欢迎来到 Js 世界!! ");
```

html 文件（13_4.html）：

```
<!DOCTYPE html>
<html>
    <head>
        <meta charset="UTF-8">
        <title>引用 js 文件</title>
        <script type="text/javascript" src="js/one.js" ></script>
    </head>
    <body>
        <p>JavaScript 是一种脚本语言。</p>
    </body>
</html>
```

Chrome 浏览器下的运行效果如图 13-7 所示。

13.2.3 内联引用 JavaScript

内联引用是通过 HTML 标签中的事件属性实现的。一些简单的代码可以直接放在事件处理部分的代码中。

图 13-7 外部引用 JavaScript 运行效果

实例代码 13-5：

```
<!DOCTYPE html>
<html>
    <head>
        <meta charset="UTF-8">
        <title>Js 位于组件事件处理部分</title>
    </head>
    <body>
        <button type="button" onclick="alert('我是一个警告框！！');"> 请点我! </button>
    </body>
</html>
```

以上代码的含义是，单击按钮将弹出一个警告框。Chrome 浏览器下的运行效果如图 13-8 所示。

图 13-8 内联引用 JavaScript 运行效果

13.3 JavaScript 语言基础

JavaScript 可以直接用记事本编写，其中包括语句、相关语句块以及注释。本节从最基础的编写格式开始，结合最基本的页面输出语句，体会 JavaScript 程序和 HTML 页面的简单结合。

13.3.1 JavaScript 语法格式

1. 标识符

使用 JavaScript 编写程序时，很多地方都要求用户给定名称，如变量名、函数名等。这些名称在定义时都必须遵循标识符的规则：

➢ 只能由字母、数字、下画线和中文组成，不能包括空格、标点符号、运算符号等其他字符。

➢ 第一个字符必须是字母、下画线或者中文。

➢ 标识符不能与 JavaScript 中的关键字名称相同，如 break、if、for 等。

➢ 标识符区分大小写。

例如：

password、username、user_login 都是合法的标识符。

86word、user-name、delete 均不符合标识符规定。

username、UserName、userName 为不同的标识符。

2. 关键字

根据规定，关键字是保留的，不能用作变量名或函数名。JavaScript 中的关键字如表 13-1 所示。

表 13-1 JavaScript 关键字

abstract	arguments	boolean	break	byte
case	catch	char	class	const
continue	debugger	default	delete	do
double	else	enum	eval	export
extends	false	final	finally	float
for	function	goto	if	implements
import	in	instanceof	int	interface
let	long	native	new	null
package	private	protected	public	return
short	static	super	switch	synchronized
this	throw	throws	transient	true
try	typeof	var	void	volatile
while	with	yield		

13.3.2 JavaScript 语句

JavaScript 程序是语句的集合。一条 JavaScript 语句相当于一条执行指令，完成一定的任务。在 JavaScript 中，一行结束就认定为语句结束。但是最好还是在结尾加上一个分号 ";" 来表示语句的结束。这是一个编程的好习惯，事实上在很多语言中句末的分号都是必需的。

实例代码 13-6：

```html
<!DOCTYPE html>
<html>
    <head>
        <meta charset="UTF-8">
                        <title>语句</title>
    </head>
        <body>
            <script type="text/javascript">
                var now ;
                now = new Date( );
                document.write("<h1>武汉天气</h1>");
                document.write("<h2>今天日期:"+now.getFullYear()+"年"+(now.getMonth( )
+1)+"月"+now.getDate()+"日</h2>");
            </script>
        </body>
</html>
```

在 Chrome 下的运行效果如图 13-9 所示。

图 13-9　JavaScript 语句运行效果

13.3.3　JavaScript 注释

注释通常用来解释程序代码的功能，以增加程序的可读性，或者在调试程序时，用来阻止代码的执行。JavaScript 的注释有两种：单行注释（//）、多行注释（/*……*/）。

下面的代码是对实例 13-6 中的部分行添加了注释。

实例代码 13-7：

```html
<!DOCTYPE html>
<html>
    <head>
        <meta charset="UTF-8">
        <title>语句</title>
    </head>
```

```
<body>
    <script type="text/javascript">
        var now ; //定义变量
        now = new Date( ); //给变量赋值，将一个 Date 对象赋值给 now
        document.write("<h1>武汉天气</h1>");//在页面中输出一串文字
        document.write("<h2>今天日期:"+now.getFullYear()+"年"+(now.getMonth( )+1)+
"月"+now.getDate()+"日</h2>");
        /*
                  调用 Date 对象的 get 方法得到年、月、日的值
                  输出年、月、日的值
        */
    </script>
</body>
</html>
```

13.3.4 数据类型

JavaScript 语言与大多数的计算机程序语言一样，其功能在于通过计算机的指令来处理各种不同的数据类型。JavaScript 主要包括三种数据类型：基本数据类型、特殊数据类型、复杂数据类型。

1. 基本数据类型
在 JavaScript 中有三种基本的数据类型。
- 数值：包括整数和实数。
- 字符串型：用双引号或单引号括起来的字符或数值，主要用来进行各种字符串处理。
- 布尔型：只有两个值 true 和 false，主要用来处理数据的真假、进行逻辑开关运算。

2. 特殊数据类型
JavaScript 的特殊数据类型有两种。
- "空"数据类型：其值为 JavaScript 中的保留字 null，表示没有值存在。
- "无定义"数据类型：其值为 JavaScript 中的保留字 undefined，表示数据没有进行定义。

3. 复杂数据类型（该内容将在后面章节中陆续学到）
- 数组：用来存储一组相同类型的数据。
- 函数：用来保存一段程序，这段程序在 JavaScript 中被重复调用。
- 对象：用来保存一组不同类型的数据和函数等。实际上数组和函数也是对象。

13.3.5 常量

1. 整型常量
JavaScript 的常量通常又称字面常量，它是不能改变的数据。其整型常量可以是以 1～9 开始的由数字组成的十进制数，如 219、300、251 等；也可以是以 0 开始的由 0～7 组成的八进制数，如 016（表示十进制数 14）；还可以是以 0x 开始的由数字和字母 a～f 或 A～F 组成

的十六进制数，如 0x002b（表示十进制数 27）。

2. 实型常量

实型常量由整数部分加小数部分表示，如 12.32、193.98。可以使用科学或标准方法表示，如 5E7、4e5 等。

3. 布尔值

布尔常量只有两种状态：true 或 false。它主要用来说明或代表一种状态或标志，以说明操作流程。JavaScript 只能用 true 或 false 表示其状态。

4. 字符型常量

字符型常量是使用单引号（'）或双引号（"）括起来的一个或几个字符。如"This is a book of JavaScript "、"3245"、"ewrt234234" 等。

5. 空值

JavaScript 中有一个空值 null，表示什么也没有。如试图引用没有定义的变量，则返回一个 null 值。

6. 特殊字符

同 Java 语言一样，JavaScript 中也有一些以反斜杠（/）开头的不可显示的特殊字符，通常称为控制字符。

13.3.6　变量

变量的主要作用是存取数据、提供存放信息的容器。对于变量，必须明确变量的命名、变量的类型、变量的声明及变量的作用域。

1. 变量的命名

➢　变量在命名的时候必须满足标识符的规定。
➢　变量在命名时应尽量做到见名思义。

2. 变量的类型

在 JavaScript 中，变量可以用 var 声明。例如：

```
var mytest;
```

该例子定义了一个 mytest 变量，但没有赋予它值。

```
Var mytest="This is a book";
```

该例子定义了一个 mytest 变量，同时赋予了它值。

在 JavaScript 中，变量也可以不声明，在使用时再根据数据的类型来确定变量的类型。例如：

```
x=100;
y="125";
xy=True;
cost=19.5;
```

其中 x 为整数，y 为字符串，xy 为布尔型，cost 为实型。

3. 变量的声明及作用域

JavaScript 变量可以在使用前先进行声明，并可赋值。通过使用 var 关键字对变量进行声明。对变量进行声明的最大好处就是能及时发现代码中的错误，因为 JavaScript 是采用动态编译的，而动态编译是不易发现代码中的错误的，特别是在变量命名方面。

对于变量还有一个重要性——那就是变量的作用域。在 JavaScript 中同样有全局变量和局部变量。全局变量定义在所有函数体之外，其作用范围是整个函数；而局部变量定义在函数体之内，只对该函数是可见的，对其他函数则是不可见的。例如：

```
var x;
function firstF(){
 var y = 3;
}
x = y; //错误，在变量 y 的作用域外使用了变量 y
```

13.4 表达式与运算符

13.4.1 表达式

在定义完变量后，就可以对其进行赋值、改变、计算等一系列操作，这一过程通常又由一个表达式来完成。可以说它是变量、常量、布尔及运算符的集合，因此表达式可以分为算术表述式、字符串表达式、赋值表达式及布尔表达式等。表达式的计算结果经常会通过赋值语句赋给一个变量，或者直接作为函数的参数。例如：

```
var pi=3.14;
var d = 2*10;
var s= pi* d * d;
alert("这个圆的面积为： " + s);
```

13.4.2 运算符

JavaScript 中的运算符按照功能分类，可分为算数运算符、逻辑运算符、赋值运算符、其他特殊运算符，下面分别介绍。

1. 算术运算符（见表 13-2）

表 13-2 算术运算符

运 算 符	意 义	示 例
+	数字相加	3+4 结果为 7
+	字串合并	"我" + "喜欢你" 结果为 "我喜欢你"
-	相减	7-5 结果为 2
-	负数	i=23; j=-I; j 的值为-23
*	相乘	20*2 结果为 40
/	相除	8/2 结果为 4

续表

运　算　符	意　义	示　例
%	取模	7%3 结果为 1
++	递增 1	i=5; i++; i 为 6
--	递减 1	i=5; i--; i 为 4

2. 逻辑运算符（见表 13-3）

表 13-3　逻辑运算符

运　算　符	意　义	示　例
==	等于	5==3 结果为 false
!=	不等于	5!=3 结果为 true
<	小于	5<3 结果为 false
<=	小于或等于	5<=3 结果为 false
>	大于	5>3 结果为 true
>=	大于或等于	5>=3 结果为 true
&&	与（两边同为 true，则结果为 true）	true&&false 结果为 false
||	或（两边只要有一个为 true，则结果为 true）	true||false 结果为 true
!	非（！true 为 false，！false 为 true）	!true 结果为 false

3. 赋值运算符

赋值运算符的格式：变量 = 表达式。将右边表达式的值赋给左边的变量。例如：

```
x = 45 * 7;
```

除此之外，赋值运算符还可以放在算数、逻辑、位运算符（如+、-、*、/）的后面。例如：

```
x += 5;  等效于 x = x + 5;
y *= 7;  等效于 y = y * 7;
```

4. 其他运算符

三目操作符主要格式如下：

```
操作数 ? 结果 1：结果 2
```

若操作数的结果为真，则表述式的结果为结果 1，否则为结果 2。例如：

```
score = 80;
grade = score >=  60 ? "及格"："不及格";
```

以上代码中，变量 grade 的值为"及格"。

13.5 JavaScript 控制结构与函数

13.5.1 JavaScript 控制结构

现实世界中各种事务的处理总是按照一定的流程步骤进行的，各种生产作业也是按照一定的工序完成的。在程序设计中，为完成一定的操作或实现一定的功能，也需要按照一定的顺序安排好要执行的语句，这就是流程控制。

程序设计中，最基本的流程控制是顺序的，即按照语句出现的先后次序顺次地执行。而流程控制语句则是用来改变程序执行流程的。在 JavaScript 中，流程控制语句有条件判断语句和循环控制语句等。

1. 条件判断语句

1）if-else 语句

其基本格式为：

```
if（布尔表达式){
    语句序列 1
}else{
    语句序列 2
}
```

布尔表达式即为条件表达式，表达式的结果必须为布尔值 true 或 false。当为 true 时，表示条件成立，将执行 if 后{}中的语句序列 1；表达式结果为 false，代表条件不成立，将执行 else 后{}中的语句序列 2。其中，else 子句是可选的，可以没有。

代码执行流程如图 13-10 所示。

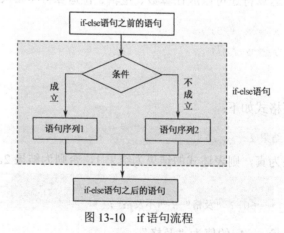

图 13-10　if 语句流程

实例代码 13-8：

```
<!DOCTYPE html>
<html>
    <head>
```

```
        <meta charset="UTF-8">
        <title>条件分支</title>
    </head>
    <body>
        <p>如果时间早于 21:00，会获得问候"Good day!"否则，将获得问候"Good night！"。</p>
        <button onclick="myFunction()">点击这里</button>
        <p id="demo"></p>
        <script type="text/javascript">
            function myFunction() {
                var x = "";
                var time = new Date().getHours();
                if(time < 21) {
                    x = "Good day! ";
                }else{
                    x = "Good night! ";
                }
                document.getElementById("demo").innerHTML = x;
            }
        </script>
    </body>
</html>
```

程序运行效果如图 13-11 所示。

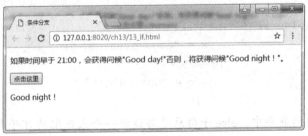

图 13-11　条件分支的应用

其中，if 语句除以上的基本形式外，还有其他几种形式。

（1）if（条件）{语句序列 1}

例如，我们可以修改上述代码中的 if 语句为：

```
if(time <= 21) {
                x = "Good day! ";
            }
```

则 time>21 时，什么也不做。

（2）if…else if

例如，将上例中的 if 语句改为：

如果 time < 11，问候"good morning!"；

如果 time <= 18 并且 time>=11，问候"good afternoon！"；

如果 time <= 21 并且 time>18，问候"good evening！"；

如果 time > 21，问候"good night!"。

则 if 语句可以改写为：

```
if(time < 11) {
        x = "Good morning! ";
    }else if (time <=18){
        x = "Good afternoon! ";
    }else if ( time<21){
        x = "Good evening! ";
    }else{
        x = "Good night! ";
    }
```

（3）if 语句嵌套

if 语句可以嵌套使用。if 子句或 else 子句的语句序列中包含了另外一个 if 语句，称为 if 语句的嵌套。上面 if…else if 是一种特殊的嵌套形式。下面是对上述代码的改写：

```
if(time <=18) {
   if(time < 11) {
        x = "Good morning! ";
        }else {
           x = "Good afternoon! ";
           }
    }else if ( time<21){
                 x = "Good evening! ";
             }else{
                x = "Good night! ";
             }
```

注意：在 if 语句的嵌套中，else 子句总是与最近一个未匹配的 if 子句进行匹配。

2）switch 语句

switch 语句是一种实现多选一的条件语句。

switch 语句的语法结构如下：

```
switch（表达式）{
   case  值1：语句序列1；break;
   case  值2：语句序列2；break;
   …
   case  值N：语句序列N；break;
   default：语句序列N+1
}
```

switch 语句执行流程：计算 switch 后表达式的值，然后顺序地与每一个 case 后的值进行匹配，如果找到相等的值，即是找到了执行的入口，接下来就从该 case 子句的语句序列开始顺次地向下执行，直至遇到 break 或者 switch 的 } 为止；如果表达式的值与每一个 case 后的值都不相等，则执行 default 后的语句，直至遇到 switch 的 } 为止。

实例代码 13-9：

```html
<!DOCTYPE html>
<html>
    <head>
        <meta charset="UTF-8">
        <title>应用 switch 判断当前是星期几</title>
    </head>
    <body>
        <script language="javascript">
            var now = new Date(); //获取系统日期
            var day = now.getDay(); //获取星期
            var week;
            switch(day) {
                case 1:
                    week = "星期一"; break;
                case 2:
                    week = "星期二"; break;
                case 3:
                    week = "星期三"; break;
                case 4:
                    week = "星期四"; break;
                case 5:
                    week = "星期五"; break;
                case 6:
                    week = "星期六"; break;
                default:
                    week = "星期日";
            }
            document.write("今天是" + week); //输出中文的星期
        </script>
    </body>
</html>
```

程序运行效果如图 13-12 所示。

图 13-12　switch 分支的应用

2. 循环控制语句

循环控制语句，顾名思义，就是在满足条件的情况下反复执行某一个操作。JavaScript 中的循环控制语句有 while 语句、do-while 语句和 for 语句。

1）while 语句

while 语句语法格式如下：

```
while(循环条件){
//需要重复执行的语句，也叫循环体
}
```

其中，循环条件是一个布尔表达式，取值只能是 true 或者 false，分别代表循环条件的成立与不成立。

while 语句的执行流程如图 13-13 所示。

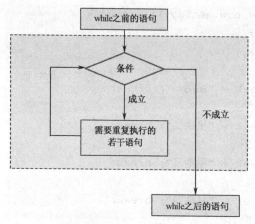

图 13-13　while 语句流程图

当条件表达式为 true 时，表示条件成立，则执行循环体语句。循环体语句执行完后，再次判断条件，条件为 true，依然执行循环体，执行完后继续回头判断条件，如此反复，直到某个时刻，判断条件，条件为 false，则退出 while 循环，去执行 while 语句之后的语句。

实例代码 13-10：

```
<!DOCTYPE html>
<html>
    <head>
        <meta charset="utf-8" />
        <title>while 语句的使用</title>
    </head>
    <body>
        <script type="text/javascript">
            var i = 1;
            var sum = 0;
            while (i <= 10) {
                sum = sum + i;
                i++;
```

```
        }
        document.write("1-10 的所有数之和为" + sum);
    </script>
  </body>
</html>
```

程序运行效果如图 13-14 所示。

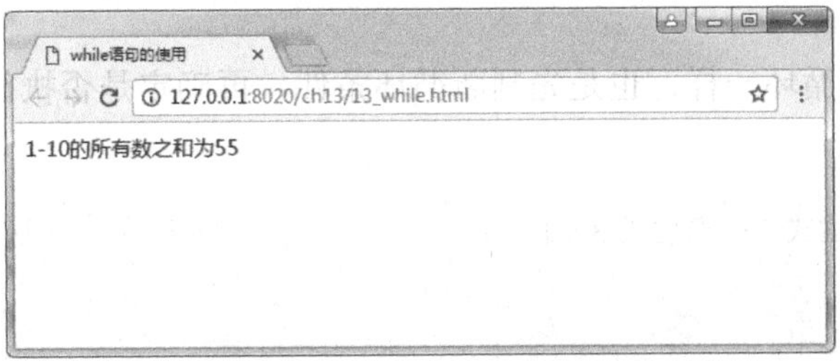

图 13-14　while 语句的应用

以 1+2+3+…+10 为例，这个求和操作可以分解为重复地做+操作 10 次：第一次是把 1 加到 0 上，第二次是把 2 加到之前 1+0 的和值上，第三次是把 3 加到 1+2 的和值上，依次类推，直到把 10 加到 1+2+…+9 的和值上，就完成了求和操作。我们把这个过程叫作累加操作。

根据这个描述，我们可以设定和变量 sum，初值为 0，然后依次执行如下操作：

sum = sum + 1；//sum= 0+1 即 sum=1

sum = sum + 2；//sum= 1+2 即 sum=3

sum = sum + 3；//sum = 3+3 即 sum=6

…

sum = sum + 10；//sum = 45+10 即 sum=55

设定循环变量 i，初值从 1 开始，一直变到 10 为止。当 i <= 10 时，都有语句：sum = sum + i。

我们将循环条件出现的变量称为循环变量。在使用 while 循环时，一般要在 while 语句之前，对循环变量赋初值。在循环体中，要有改变循环变量值的语句，使得循环条件不再成立，从而退出循环，避免出现死循环现象。例如，在上面的例子中，如果删除，循环体中的"i++；"程序将进入死循环。

2）do-while 语句

do-while 语句和 while 语句类似，但是它是先执行循环体中的语句，然后再计算条件表达式的值，判断循环条件。如果条件成立则继续循环，否则退出循环。因此，do-while 语句的循环体中的代码至少会被执行一次。

do-while 语句的一般格式如下：

```
do{
    //循环体
}while(循环条件);
```

do-while 语句执行流程如图 13-15 所示。

上例中求 1～10 的和的代码（<script>标签中的代码）可以改写为：

```
var i=1;
```

```
var sum = 0;
do{
   sum = sum + i;
   i++;
   }while(i <= 10);
document.write("1-100 的所有数之和为"+sum);
```

3）for 语句

for 循环与 while 循环一样，也是先判断循环条件，再确定是否执行循环体，其基本语法结构如下：

```
for（表达式1；表达式2；表达式3）{
    //循环体
}
```

for 语句执行流程如图 13-16 所示。

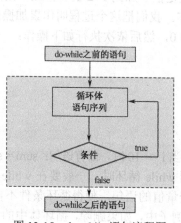

图 13-15　do-while 语句流程图

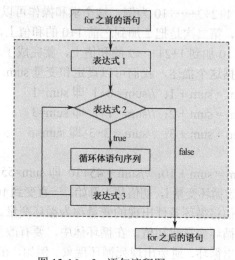

图 13-16　for 语句流程图

for 语句中，先执行表达式 1，然后执行表达式 2 判断条件，结果为 true，表明条件成立，则执行循环体；循环体执行完后，执行表达式 3，然后再执行表达式 2 进行判断，如果条件成立则继续循环，如果不成立则退出循环。

```
var i;
var sum = 0;
  for(i=1; i<= 10; i++){
                sum = sum + i;
                };
        document.write("1-100 的所有数之和为"+sum);
```

将上述流程与 while 语句的流程对比，表达式 1 是 while 语句之前的语句，表达式 2 为 while 语句中的条件表达式，表达式 3 为 while 语句循环体中的最后一条语句。

3. 跳转语句

分支语句、循环语句都有自己的执行流程，但是有时在特定条件出现的时候，可能希望将现有的执行流程改变，而跳转到其他地方继续执行。

在 JavaScript 中，这种跳转控制的语句有 break 语句、continue 语句。

1) break 语句

在 Java 中，break 语句有三种作用。第一，在 switch 语句中，它被用来终止一个语句序列。第二，它被用来退出一个循环。在循环中遇到 break 语句时，循环被终止，程序控制在循环后面的语句重新开始。第三，它能作为一种"先进"的 goto 语句来使用。

break 语法格式：

```
break;
```

以下代码的功能是：在"I have a dream"字符串中找到第一个 d 的位置。读者可以修改字符串以测试程序的正确性。

实例代码 13-11：

```html
<!DOCTYPE html>
<html>
    <head>
        <meta charset="UTF-8">
        <title>break 语句</title>
        <script type="text/javascript">
            var s= "I have a dream";
            var iLength = s.length;
            for(var i = 0; i < iLength; i++) {
                if(s.charAt(i) == "d") //charAt 是字符串对象的方法，取第 i 个位置的字符
                {
                    break;
                }
            }    //循环退出有两种可能：  i== iLength, s.charAt(i)=="d"
            if(i==iLength){
                document.write("字符串" + s + "中的没有 d。");
            }else{
                document.write("字符串" + s + "中的第一个 d 字母的位置为" + i);
            }
        </script>
    </head>
    <body>
    </body>
</html>
```

在 Chrome 中浏览的效果如图 13-17 所示。

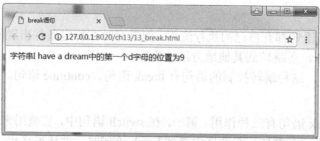

图 13-17　break 语句的应用

2）continue 语句

continue 语句用来结束本次循环，跳过循环体中尚未执行的语句，接着进行条件判断，以决定是否继续循环。对于 continue 语句，在判断循环条件之前要先执行后面的迭代表达式。

continue 语法格式：

```
continue;
```

以下代码的功能是：去掉字符串"I have a dream"中的字母 e。

实例代码 13-12：

```
<!DOCTYPE>
<html>
    <head>
        <meta charset="UTF-8">
        <title>continue 语句</title>
        <script type="text/javascript">
            var s = "i have a dream";
            var iLength = s.length;
            var iCount = 0;
            for(var i = 0; i < iLength; i++) {
                if(s.charAt(i) == "e") {
                    continue;
                }
                document.write(s.charAt(i));
            }
        </script>
    </head>
    <body>
    </body>
</html>
```

在 Chrome 中浏览的效果如图 13-18 所示。

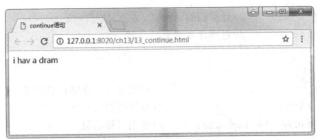

图 13-18　continue 语句的应用

13.5.2　函数

函数为程序设计人员提供了一些非常方便的功能。通常在进行一个复杂的程序设计时，总是根据所要完成的功能，将程序划分为一些相对独立的部分，每部分编写一个函数。从而使各部分充分独立，任务单一，程序清晰，易懂、易读、易维护。JavaScript 函数可以封装那些在程序中可能要多次用到的模块，并可作为事件驱动的结果而被程序调用，从而实现将一个函数与事件驱动相关联。这是与其他语言不一样的地方。

1. 函数的定义

函数定义的基本语法如下：

```
function 函数名（参数列表）
{     程序代码
    return 表达式；
}
```

➤ 函数名：定义函数的名字，区分大小写。
➤ 参数列表：是传递给函数使用或操作的值，该值可以是常量、变量或其他表达式。参数列表的个数可以是 0 个或多个。
➤ return 语句：可以有也可以没有。必须使用 return 将值返回。

2. 函数的调用

函数调用的基本语法格式如下：

```
函数名（实参）
```

函数调用的形式有多种。

➤ 简单调用：直接在函数调用的后面加分号，成为一个语句。这种调用往往针对没有返回值的函数。
➤ 在表达式中调用：这种调用往往针对的是有返回值的函数。
➤ 在事件响应中调用。
➤ 通过链接调用。

实例代码 13-13： 简单调用和表达式调用

定义一个 js 文件（funjs.js），在其中定义三个函数，代码如下：

```
function calArea(x){
    var result;  //声明变量，存储计算结果
```

```
    result=3.14*x*x;        //计算圆的面积
    return result;          //返回计算结果
}
function calL(x){
    var result;                     //声明变量，存储计算结果
    result=2*3.14*x;                //计算圆的周长
    alert('圆的周长为：'+ result);    //输出运算结果
}
function test(){
  alert("从零开始学 JavaScript");
}
```

定义一个 html 文件（13_fun1.html），代码如下：

```html
<!DOCTYPE html>
<html>
    <head>
        <meta charset="utf-8" />
        <title>函数的简单调用和表达式调用</title>
        <script type="text/javascript" src="js/funjs.js" ></script>
    </head>
    <body>
        <script type="text/javascript">
            var str = prompt('请输入一个数值：');
            var r = parseInt(str);
            var area = calArea(str);
            alert("我的面积是" + area);
            calL(r);
        </script>
    </body>
</html>
```

上述代码中，在 head 部分通过<script>标签引入 funjs.js 文件。prompt 函数打开一个对话框，输入一个数值，然后输出以这个数字为半径的圆的面积和周长。

在 Chrome 浏览器中的执行效果如图 13-19 所示。

  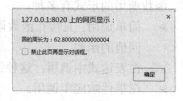

图 13-19　函数的简单调用

实例代码 13-14：在链接和事件响应中调用

13_fun2.html 的代码如下：

```html
<!DOCTYPE html>
<html>
```

```
<head>
    <meta charset="UTF-8">
    <title>链接调用和事件响应中调用</title>
    <script type="text/javascript" src="js/funjs.js" ></script>
</head>
<body>
    <br />
    <a href="javascript:test();">学习 JavaScript 的好书籍</a>
    <br />
    <br />
    <button type="button" onclick="test()"  name="btnOut" >点我试一下</button>
</body>
</html>
```

在 Chrome 浏览器中的执行效果如图 13-20 所示。

图 13-20　在链接和事件响应中调用函数

3. 系统内置函数

前面讲解的函数是自己定义的函数。在 JavaScript 中除了自定义的函数外，还有一种是系统内置函数，可以直接使用。常用的内置函数如下。

1）arguments 对象

arguments 对象是一个参数对象，可以访问有操作和无操作的参数，能够获得每个参数的内容和参数的个数。例如：arguments[0]；获得第一个参数，arguments.length；获得参数的个数。参数在 arguments 中使用数组的方式进行存储。

2）parseInt（参数 1，参数 2）

将一个字符串按指定的进制转换成一个整数。参数 1 为需要转换的字符串，参数 2 为进制值。如果没有指定参数 2，则前缀为 '0x' 的字符串被视为十六进制，前缀为 '0' 的字符串被视为八进制，所有其他字符串都被视为十进制。如果字符串非数字开头，则返回 NaN。

3）parseFloat（参数）

将字符串转换为实数。如果字符串不是以数字开头，则返回 NaN；如果以数字开头，后面出现非数字字符，则取前面的数字。

4）number（参数）

将参数转换为数值类型的数据。转换情况如下：

➢ 　如果是布尔值，false 为 0，true 为 1；

➢ 　如果是数字，转换为本身，将无意义的 0 去掉；

> ➢ 如果是 undefined，转换为 NaN；
> ➢ 如果是字符串，若字符串中只有数字，则转换为十进制，忽略无意义的 0；
> ➢ 如果是有效的规范的浮点型，则转换为浮点值，忽略无效的 0；
> ➢ 如果是空字符串，则转换为 0；
> ➢ 如果是其他值，转换为 NaN。

5）string（参数）

将参数转换为字符串类型的数据。

6）escape（参数）

返回已编码的参数字符串的副本，其中某些字符被替换成了十六进制的转义序列。该方法不会对 ASCII 字母和数字进行编码，也不会对下面这些 ASCII 标点符号进行编码：* @ - _ + . / 。其他所有的字符都会被转义序列替换。

7）unescap（参数）

可对通过 escape() 编码的字符串进行解码。

8）eval（参数）

将参数字符串当作一个 JavaScript 表达式去执行。

实例代码 13-15：

```html
<!DOCTYPE html>
<html>
    <head>
        <meta charset="UTF-8">
        <title>内置函数的使用</title>
        <script type="text/javascript">
            function fn() {
                document.write(arguments.length + '<br />'); //输出参数的个数
                document.write(arguments[0] + '<br />'); //输出第一个参数的值
            }
            fn(1, 2, 3, 4, 5, 6, 7, 8); //输出8  1
            document.write(escape('你') + '<br />'); //输出你的编码为%u4F60
            document.write(unescape('%u4F60') + '<br />'); //对%u4F60进行解码，输出你
            var num = '3.4';
            var n = parseFloat(num);
            document.write(n + '<br />'); //输出3.4
            document.write((typeof n) + '<br />'); //输出number
            num = '3.444400.333';
            var n = parseFloat(num);
            document.write(n + '<br />'); //输出3.4444 将第二个点之后的都忽略，还有
把无效的 0 忽略
            var x = true;
            var y = Number(x);
            document.write(y + '<br />'); //输出1
```

```
            num = ' 150px';
            var re = parseInt(num);
            document.write(re + '<br />'); //输出150，parseInt()可以忽略前面的空格
            var m = 10;
            var z = parseInt(m, 2);
            document.write(z); //将二进制的10转化为十进制的2
            var str = '1+1';
            document.write(eval(str)); //用js的语法解析str，返回2
        </script>
    </head>
    <body>
    </body>
</html>
```

在 Chrome 浏览器中运行的效果如图 13-21 所示。

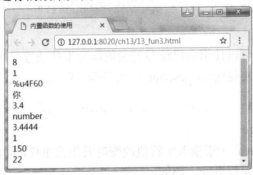

图 13-21　内置函数的应用

13.6　事件驱动及事件处理

1．基本概念

JavaScript 是基于对象（object-based）的语言。这与 Java 不同，Java 是面向对象的语言。而基于对象的基本特征，就是采用事件驱动（event-driven）。它是在图形界面的环境下，使得一切输入变化简单化。通常鼠标或热键的动作称为事件（event），而由鼠标或热键引发的一连串程序的动作，称为事件驱动（event driver），对事件进行处理的程序或函数，称为事件处理程序（event handler）。

2．事件处理程序

在 JavaScript 中，对象事件的处理通常由函数（function）担任。其基本格式与函数全部一样，可以将前面所介绍的所有函数作为事件处理程序。

格式如下：

```
function 事件处理名（参数表）{
事件处理语句集；
…
}
```

3. 事件驱动

JavaScript 事件驱动中的事件是通过鼠标或热键的动作引发的。它主要有以下几个事件。

1）单击事件 onClick

当用户单击鼠标按钮时，产生 onClick 事件，同时 onClick 指定的事件处理程序或代码被调用执行。通常在下列基本对象中产生：

> ➤ button（按钮对象）；
> ➤ checkbox（复选框）或（检查列表框）；
> ➤ radio（单选按钮）；
> ➤ reset buttons（重要按钮）；
> ➤ submit buttons（提交按钮）。

例如，可通过下列按钮激活 change()文件：

```
<form>
<input type="button" Value=" " onClick="change()">
</form>
```

在 onClick 等号后，可以使用自己编写的函数作为事件处理程序，也可以使用 JavaScript 中的内部函数，还可以直接使用 JavaScript 的代码等。例如：

```
<Input type="button" value=" " onclick=alert("这是一个例子 " ) ;
```

2）改变事件 onChange

当利用 text 或 textarea 元素输入字符值改变时发生该事件，同时当在 select 表格项中一个选项状态改变后也会引发该事件。例如：

```
<form>
<input type="text" name="Test" value="Test" onCharge="check('this.test')">
</form>
```

3）选中事件 onSelect

当 text 或 textarea 对象中的文字被加亮后，引发该事件。

4）获得焦点事件 onFocus

当用户单击 text 或 textarea 及 select 对象时，产生该事件。此时该对象成为前台对象。

5）失去焦点 onBlur

当 text 对象或 textarea 对象及 select 对象不再拥有焦点而退到后台时，引发该事件，它与 onFocus 事件是对应的关系。

6）载入文件 onLoad

当文档载入时，产生该事件。onLoad 事件的一个作用就是在首次载入一个文档时检测 cookie 的值，并用一个变量为其赋值，使它可以被源代码使用。

7）卸载文件 onUnload

当 Web 页面退出时引发 onUnload 事件，并可更新 cookie 的状态。

实例代码 13-16：

```
<!DOCTYPE html>
<html>
    <head>
        <meta charset="UTF-8">
        <title>事件处理和事件驱动</title>
        <script>
            function myFunction(x) {
                x.style.background = "yellow";
            }
        </script>
    </head>
    <body>
        请输入英文字符：<input type="text" onfocus="myFunction(this)">
        <p>当输入字段获得焦点时，会触发改变背景颜色的函数。</p>
    </body>
</html>
```

当把焦点移到文本框时，文本框的背景颜色会变成黄色。在 Chrome 浏览器中的运行效果如图 13-22 所示。

图 13-22　事件处理

13.7　对象编程

JavaScript 语言是基于对象的（object-based），而不是面向对象的（object-oriented）。之所以说它是一门基于对象的语言，主要是因为它没有提供像抽象、继承、重载等有关面向对象语言的许多功能，而是把其他语言所创建的复杂对象统一起来，从而形成一个非常强大的对象系统。虽然 JavaScript 语言是基于对象的，但它还是具有一些面向对象的基本特征。它可以根据需要创建自己的对象，从而进一步扩大 JavaScript 的应用范围，编写功能强大的 Web 文档。

13.7.1　内置对象

JavaScript 为我们提供了一些非常有用的常用内部对象和方法，用户不需要用脚本来实现这些功能。这正是基于对象编程的真正目的。JavaScript 提供了 String（字符串）、Math（数值计算）和 Date（日期）三种对象以及其他一些相关的方法，为编程人员快速开发强大的脚本程序提供了非常有利的条件。

1. 字符串对象

1）创建对象

String 对象是动态对象，需要创建实例后才能引用该对象的属性和方法。

创建字符串对象有两种不同的方法。

（1）直接声明字符串变量。

```
var newstr = "This is a sample!";
```

其中，var 是可选项。

（2）创建 New 关键字。

```
var newstr = new String ("This is a sample!");
```

其中，String()为构造函数，第一个字母必须大写。

2）字符串对象的属性

字符串对象的属性比较少，常用的属性为 length。字符串对象的属性如表 13-4 所示。

表 13-4　字符串对象的属性

属　　　性	说　　　明
constructor	字符串对象的函数模型
length	字符串的长度
prototype	添加字符串对象的属性

其中，constructor 属性和 prototype 属性都是公共属性，在 Array、Date、Boolean 和 Number 等其他对象中都可以调用。

3）字符串对象的方法

字符串对象包含大量的方法，分为处理字符串内容、处理字符串显示、将字符串转换为 HTML 元素三类。表 13-5 中列举了一些常用的方法。

表 13-5　字符串对象的方法

方　法　名	说　　　明
big()	增大字符串文本
bold()	加粗字符串文本
fontcolor()	确定字体颜色
italics()	用斜体显示字符串
indexOf("子字符串"，起始位置)	查找子字符串的位置
strike()	显示加删除线的文本
sub()	将文本显示为下标
toLowerCase()	将字符串转换成小写
toUpperCase()	将字符串转换成大写

实例代码 13-17：

```
<!DOCTYPE html>
<html>
<head>
```

```html
<meta charset="utf-8" />
<title>判断字符串是否合法</title>
<script>
  function isRight(subChar)
  {
    var findChar="abcdefghijklmnopqrstuvwxyz1234567890_-";
    subChar=subChar.toLowerCase();
    for(var i=0;i<subChar.length;i++)
    {
        if(findChar.indexOf(subChar.charAt(i))==-1)
        {
            alert("你的字符串不合法");
            return;
        }
    }
        alert("你的字符串合法");
  }
</script>
</head>
<body>
 <form action="" method="post" name="myform" id="myform">
   <input type="text" name="txtString">
   <input type="button" value="检　查" onClick=
               "isRight(document.myform.txtString.value)">
 </form>
</body>
</html>
```

以上代码中，isRight 用来判断 subChar 字符串是否合法，如果合法则弹出合法的提示框，如果不合法则弹出不合法的提示框。在检查按钮上写了单击事件，当单击按钮时，会调用 isRight 方法对文本框中的字符串进行检查。

在 Chrome 浏览器中的运行效果如图 13-23 所示。

图 13-23　String 对象的应用

2. Math 对象

功能：提供除加、减、乘、除以外的一些自述运算，如对数、平方根等。

1）Math 对象的属性（见表 13-6）

表 13.6　Math 对象的属性

属　　性	说　　明
E	常量e，自然对数的底数（约等于 2.718）
LN10	10 的自然对数（约等于 2.302）
LN2	2 的自然对数（约等于 0.693）
LOG2E	以 2 为底的 e 的对数（约等于 1.414）
LOG10E	以 10 为底的 e 的对数（约等于 0.434）
PI	圆周率（约等于 3.14159）
SQRT1_2	1/2 的平方根（约等于 0.707）
SQRT2	2 的平方根（约等于 1.414）

2）Math 对象的方法（见表 13-7）

表 13-7　Math 对象的方法

方　　法	描　　述
abs(x)	返回数的绝对值
acos(x)	返回数的反余弦值
asin(x)	返回数的反正弦值
atan(x)	以介于 -PI/2～PI/2 弧度之间的数值来返回 x 的反正切值
atan2(y,x)	返回从 x 轴到点 (x,y) 的角度（介于 -PI/2～PI/2 弧度之间）
ceil(x)	对数进行上舍入
cos(x)	返回数的余弦
exp(x)	返回 e 的指数
floor(x)	对数进行下舍入
log(x)	返回数的自然对数（底为 e）
max(x,y)	返回 x 和 y 中的最大值
min(x,y)	返回 x 和 y 中的最小值
pow(x,y)	返回 x 的 y 次幂
random()	返回 0～1 之间的随机数
round(x)	把数四舍五入为最接近的整数
sin(x)	返回数的正弦
sqrt(x)	返回数的平方根
tan(x)	返回角的正切
toSource()	返回该对象的源代码
valueOf()	返回 Math 对象的原始值

实例代码 13-18：

```
<!DOCTYPE html>
<html>
<head>
<meta charset="utf-8" />
<title>随机产生整数，并计算其平方、平方根和自然对数</title>
```

```
<script>
  var data;        //声明全局变量，保存随机产生的整数
  function getRandom(){
     data=Math.floor(Math.random()*101);              //0~100 产生随机数
  }
  /*随机整数的平方、平方根和自然对象*/
  function cal(){
     var square=Math.pow(data,2);                    //计算随机整数的平方
     var squareRoot=Math.sqrt(data).toFixed(2);      //计算随机整数的平方根
     var logarithm=Math.log(data).toFixed(2);        //计算随机整数的自然对数
     alert("平方:"+square+"\n 平方根:"+squareRoot+"\n 自然对数:"+logarithm);
     //输出计算结果
  }
  function change(){
     getRandom();
     document.getElementById("rs").innerHTML="随机数为: "+ data;
  }
</script>
</head>
<body>
  <form action="" method="post" name="myform" id="myform">
  <input type="button" value="随机数" onClick="change()">
  <input type="button" value="计 算" onClick="cal()">
  </form>
<p id="rs">这里显示 随机数! </p>
</body>
</html>
```

代码功能：单击随机数按钮，则会生成一个随机数，并显示在页面中。然后再单击计算按钮，则会计算随机数的平方、平方根、自然对数，并在弹出框中显示。

在 Chrome 浏览器中的运行效果如图 13-24 所示。

图 13-24　Math 对象的应用

3. Date 对象

在 JavaScript 中，虽然没有日期类型的数据，但是在开发过程中经常会处理日期。因此，JavaScript 提供了 Date 对象来操作日期和时间。Date 对象必须使用 New 运算符创建。

1）创建 Date 对象

```
new Date() //当前日期和时间
new Date(毫秒) //返回从 1970 年 1 月 1 日至今的毫秒数
new Date(日期字符串)
new Date(年, 月, 日, 时, 分, 秒, 毫秒)
```

2）日期对象的方法（见表 13-8）

表 13-8　日期对象的方法

方　法	描　述
getDate()	从 Date 对象返回一个月中的某一天（1～31）
getDay()	从 Date 对象返回一周中的某一天（0～6）
getFullYear()	从 Date 对象以四位数字返回年份
getHours()	返回 Date 对象的小时（0～23）
getMilliseconds()	返回 Date 对象的毫秒（0～999）
getMinutes()	返回 Date 对象的分钟（0～59）
getMonth()	从 Date 对象返回月份（0～11）
getSeconds()	返回 Date 对象的秒数（0～59）
getTime()	返回 1970 年 1 月 1 日至今的毫秒数
getTimezoneOffset()	返回本地时间与格林尼治标准时间（GMT）的分钟差
getUTCDate()	根据世界时从 Date 对象返回月中的一天（1～31）
getUTCDay()	根据世界时从 Date 对象返回周中的一天（0～6）
getUTCFullYear()	根据世界时从 Date 对象返回四位数的年份
getUTCHours()	根据世界时返回 Date 对象的小时（0～23）
getUTCMilliseconds()	根据世界时返回 Date 对象的毫秒（0～999）
getUTCMinutes()	根据世界时返回 Date 对象的分钟（0～59）
getUTCMonth()	根据世界时从 Date 对象返回月份（0～11）
getUTCSeconds()	根据世界时返回 Date 对象的秒钟（0～59）
parse()	返回 1970 年 1 月 1 日午夜到指定日期（字符串）的毫秒数
setDate()	设置 Date 对象中月的某一天（1～31）
setFullYear()	设置 Date 对象中的年份（四位数字）
setHours()	设置 Date 对象中的小时（0～23）
setMilliseconds()	设置 Date 对象中的毫秒（0～999）
setMinutes()	设置 Date 对象中的分钟（0～59）

实例代码 13-19：

```
<!DOCTYPE html>
<html>
    <head>
        <meta charset="UTF-8">
        <title>日期对象</title>
        <script>
            var now = new Date();      //表示今天
            var contryday = new Date(2017, 10, 1, 0, 0, 0);//表示 2017 年国庆节
            var mybirth = new Date("June 10,2007");
```

```
            document.write("now 所代表的时间为: " + now.toLocaleString() + "<br>");
            document.write("contryday 所代表的时间为: " + contryday.toLocaleString() +
                            "<br>");
            document.write("mybirth 所代表的时间为: " + mybirth.toLocaleString() + "<br>");
            document.write("现在是"+now.getHours() + "点");
            var mse = contryday - now;//得到毫秒数
            var day = parseInt(mse/(24*60*60*1000));
            document.write("当前时间距离 2017 年国庆节还有"+ day + "天");
        </script>
    </head>
    <body>
    </body>
</html>
```

以上代码用三种方式创建了 Date 对象，在 Chrome 浏览器中的运行效果如图 13-25 所示。

图 13-25　Date 对象的应用

4. 数组对象

数组对象是使用单独的变量名来存储一系列的值。如果有一组数据（如车的名字），存在单独变量中，如下所示：

```
var car1="Saab";
var car2="Volvo";
var car3="BMW";
```

然而，如果想从中找出某一辆车，并且此处不是 3 辆车，而是 300 辆车……这将不是一件容易的事！最好的方法就是用数组。数组可以用一个变量名存储所有的值，并且可以用变量名访问任何一个值。数组中的每个元素都有自己的 ID，以便它可以很容易地被访问到。

1）创建数组

创建一个长度为 0 的数组。语法规则如下：

```
var 变量名=new Array();
```

例如：

```
var myArray=new Array();
```

创建一个长度为 *n* 的数组。语法规则如下：

```
var 变量名=new Array(n);
```

例如：

```
var myArray=new Array(5);
```

创建一个指定长度的数组。语法规则如下：

```
var 变量名=new Array(元素1, 元素2,元素3…);
```

例如：

```
var weekday=new Array ("Sunday","Monday","Tuesday","Wednesday",
                        "Thursday","Friday","Saturday");
```

注意：实际上所有情况下数组都是变长的，也就是说即使指定了长度为5，仍然可以将元素存储在规定长度以外，这时长度会随之改变。

2）引用数组元素

通过指定数组名以及索引号码，可以访问某个特定的元素。数组元素索引序列从0开始。

```
myArray[0]="Spring";
myArray[1]="Summer";
var season=myArray[1];
```

3）数组的属性（见表13-9）

表13-9　数组的属性

属　　性	说　　明
constructor	数组对象的函数模型
length	数组的长度
prototype	添加数组对象的属性

4）数组的方法（见表13-10）

表13-10　数组对象的方法

方　　法	描　　述
concat()	连接两个或更多的数组，并返回结果
copyWithin()	从数组的指定位置复制元素到数组的另一个指定位置
every()	检测数值元素的每个元素是否都符合条件
fill()	使用一个固定值来填充数组
filter()	检测数值元素，并返回符合条件的所有元素的数组
find()	返回符合传入测试（函数）条件的数组元素
findIndex()	返回符合传入测试（函数）条件的数组元素索引
forEach()	数组每个元素都执行一次回调函数
indexOf()	搜索数组中的元素，并返回它所在的位置
join()	把数组的所有元素放入一个字符串
lastIndexOf()	返回一个指定的字符串值最后出现的位置，在一个字符串中的指定位置从后向前搜索
map()	通过指定函数处理数组的每个元素，并返回处理后的数组

方　法	描　述
pop()	删除数组的最后一个元素并返回删除的元素
push()	向数组的末尾添加一个或更多元素，并返回新的长度
reduce()	将数组元素计算为一个值（从左到右）
reduceRight()	将数组元素计算为一个值（从右到左）
reverse()	反转数组的元素顺序
shift()	删除并返回数组的第一个元素
slice()	选取数组的一部分，并返回一个新数组
some()	检测数组元素中是否有元素符合指定条件
sort()	对数组的元素进行排序
splice()	从数组中添加或删除元素
toString()	把数组转换为字符串，并返回结果
unshift()	向数组的开头添加一个或更多元素，并返回新的长度
valueOf()	返回数组对象的原始值

实例代码 13-20：

```html
<!DOCTYPE html>
<html>
    <head>
        <meta charset="UTF-8">
        <title>数组的应用</title>
        <script>
            var myArr = new Array("A", "B", "C"); //创建数组 myArr
            var myArr2 = new Array("J", "K", "L"); //创建数组 myArr2
            var myArr3 = new Array(); //创建数组 myArr3
            myArr3 = myArr3.concat(myArr, myArr2); //数组 myArr 和 myArr2 合并，并
赋给数组 myArr3
            /*输出合并后数组 myArr3 的元素值*/
            document.write("合并后数组：");
            for(i in myArr3) {
                document.write(myArr3[i] + "  ");
            }
            myArr3.pop(); //删除 myArr3 数组的最后一个元素
            /*输出删除最后一个元素后的数组*/
            document.write("<br/>删除最后一个元素：");
            for(i in myArr3) {
                document.write(myArr3[i] + "  ");
            }
            myArr3.shift(); //删除 myArr3 数组的第一个元素
            /*输出删除第一个元素后的数组*/
```

```
        document.write("<br/>删除第一个元素：");
        for(i in myArr3) {
            document.write(myArr3[i] + "  ");
        }
        myArr3.reverse();
        document.write("<br/>将数组颠倒顺序：");
        for(i in myArr3) {
            document.write(myArr3[i] + "  ");
        }
    </script>
</head>
<body>
</body>
</html>
```

在 Chrome 浏览器中的运行效果如图 13-26 所示。

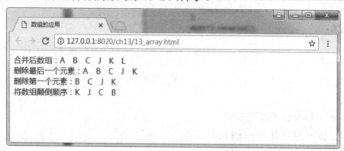

图 13-26　Array 对象的应用

13.7.2　文档对象编程

　　DOM（Document Object Model），文档对象模型，DOM 可以以一种独立于平台和语言的方式访问和修改一个文档的内容与结构。换句话说，这是表示和处理一个 HTML 或 XML 文档的常用方法。有一点很重要，DOM 的设计是以对象管理组织（OMG）的规约为基础的，因此可以用于任何编程语言。最初人们认为它是一种让 JavaScript 在浏览器间可移植的方法，不过 DOM 的应用已经远远超出这个范围。DOM 技术使得用户页面可以动态地变化，如可以动态地显示或隐藏一个元素，改变它的属性，增加一个元素等，DOM 技术使得页面的交互性大大地增强。DOM 实际上是以面向对象方式描述的文档模型。DOM 定义了表示和修改文档所需的对象、这些对象的行为和属性，以及这些对象之间的关系。可以认为 DOM 是页面上数据和结构的一个树形表示，不过页面当然可能并不是以这种树的方式具体实现的。通过 JavaScript，可以重构整个 HTML 文档，可以添加、移除、改变或重排页面上的项目。要改变页面的某个东西，JavaScript 就需要获得对 HTML 文档中所有元素进行访问的入口。这个入口，连同对 HTML 元素进行添加、移动、改变或移除的方法和属性，都是通过文档对象模型来获得的（DOM）。文档对象模型结构如图 13-27 所示。

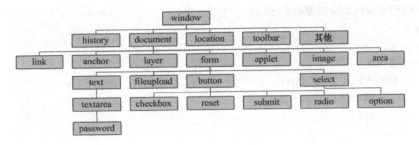

图 13-27　文档对象模型结构

1. window 对象

window 对象在客户端 JavaScript 中扮演重要角色，一般引用它的属性和方法时，不需要用 window.XXX 这种形式，而是直接用 XXX。window 对象表示浏览器中打开的窗口。

window 对象是全局对象，所有表达式都在当前的环境中计算。window 对象实现了核心 JavaScript 所定义的所有全局属性和方法，可以通过属性引用 document 对象、history 对象、location 对象和 toolbar 对象等，其中 window 属性和 self 属性引用的都是它自己。

window 对象的方法如表 13-11 所示。

表 13-11　window 对象的方法

方　　法	描　　述
alert()	显示带有一段消息和一个确认按钮的警告框
blur()	把键盘焦点从顶层窗口移开
clearInterval()	取消由 setInterval() 设置的 timeout
clearTimeout()	取消由 setTimeout() 方法设置的 timeout
close()	关闭浏览器窗口
confirm()	显示带有一段消息以及确认按钮和取消按钮的对话框
createPopup()	创建一个 pop-up 窗口
focus()	把键盘焦点给予一个窗口
moveBy()	可相对窗口的当前坐标把它移动指定的像素
moveTo()	把窗口的左上角移动到一个指定的坐标
open()	打开一个新的浏览器窗口或查找一个已命名的窗口
print()	打印当前窗口的内容
prompt()	显示可提示用户输入的对话框
resizeBy()	按照指定的像素调整窗口的大小
resizeTo()	把窗口的大小调整到指定的宽度和高度
scrollBy()	按照指定的像素值来滚动内容
scrollTo()	把内容滚动到指定的坐标
setInterval()	按照指定的周期（以毫秒计）来调用函数或计算表达式
setTimeout()	在指定的毫秒数后调用函数或计算表达式

其中，alert()、confirm()、prompt()方法提供三个标准的对话框，即弹出对话框、选择对话框、输入对话框。

实例代码 13-21：

```html
<!DOCTYPE html>
<html>
    <head>
        <meta charset="UTF-8">
```

```
            <title>window 对象</title>
    </head>
    <body>
        <script>
            function shutwin() {
                window.close();
                return;
            }

            function disp_prompt() {
                var name = prompt("请输入名称", "")
                if(name != null && name != "") {
                    document.getElementById("rs").innerHTML = "你好 " + name + "!";
                }
            }

            function disp_confirm() {
                var r = confirm("按下按钮")
                if(r == true) {
                    document.getElementById("rs").innerHTML =
                                    "你刚才单击了确认对话框的确定按钮";
                } else {
                    document.getElementById("rs").innerHTML =
                                    "你刚才单击了确认对话框的取消按钮";
                }
            }
        </script>

        <a href="javascript:shutwin();">关闭本窗口</a>
        <br> <br>
        <input type="button" onclick="disp_prompt()" value="输入对话框" />
        <input type="button" onclick="disp_confirm()" value="选择对话框" />
        <br>
        <div>
            <p id="rs"></p>
        </div>
    </body>
</html>
```

`<script> </script>`定义了三个函数。

➤ shutwin 函数：关闭窗口。在页面中单击"关闭本窗口"的链接则会执行该方法。

➤ disp_prompt 函数：打开一个输入框，输入内容后，单击确定按钮，则把输入给了变量 name，然后再将 name 的值显示在页面中的 p 标签里。

➤ disp_confirm 函数：打开一个确认对话框，然后单击确定或取消按钮。单击确定按钮 prompt 方法会返回一个 true，单击取消按钮 prompt 方法会返回一个 false。然后将返回的值给变量 r，根据 r 的值修改页面中 p 标签的文本。

代码运行效果如图 3-28 所示。

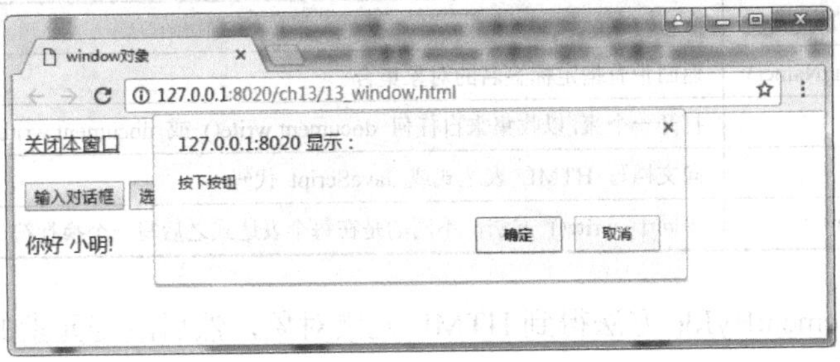

图 13-28　window 对象的使用

2. 文档对象

document 对象是客户端用得最多的 JavaScript 对象。每个载入浏览器的 HTML 文档都会成为 document 对象。document 对象使我们可以从脚本中对 HTML 页面中的所有元素进行访问。document 对象是 window 对象的一部分，可通过 window.document 属性对其进行访问。

document 对象的集合如表 3-12 所示，通过这些集合属性可以访问页面中对应的组件。

表 13-12　document 对象的集合

集　合	描　述
all[]	提供对文档中所有 HTML 元素的访问
anchors[]	返回对文档中所有 Anchor 对象的引用
applets	返回对文档中所有 Applet 对象的引用
forms[]	返回对文档中所有 Form 对象的引用
images[]	返回对文档中所有 Image 对象的引用
links[]	返回对文档中所有 Link 对象的引用，文档中 a 标记的集合

document 对象的属性如表 13-13 所示。

表 13-13　document 对象的属性

属　性	描　述
body	提供对 <body> 元素的直接访问 对于定义了框架集的文档，该属性引用最外层的 <frameset>
cookie	设置或返回与当前文档有关的所有 cookie
domain	返回当前文档的域名
lastModified	返回文档最后被修改的日期和时间
referrer	返回载入当前文档的文档的 URL
title	返回当前文档的标题
URL	返回当前文档的 URL

document 对象的方法如表 13-14 所示。

表 13-14　document 对象的方法

方　法	描　述
close()	关闭用 document.open() 方法打开的输出流，并显示选定的数据
getElementById()	返回对拥有指定 id 的第一个对象的引用
getElementsByName()	返回带有指定名称的对象集合

续表

方　　法	描　　述
getElementsByTagName()	返回带有指定标签名的对象集合
open()	打开一个流，以收集来自任何 document.write() 或 document.writeln() 方法的输出
write()	向文档写 HTML 表达式或 JavaScript 代码
writeln()	等同于 write() 方法，不同的是在每个表达式之后写一个换行符

可以通过 getElementById()方法得到 HTML 元素对象，然后改变元素的内容和样式。

实例代码 13-22：

```
<!DOCTYPE html>
<html>
<head>
    <meta charset="UTF-8">
    <title>document 对象使用</title>
</head>
<body>
<div>
  <H2>改变 HTML 元素的内容和样式</H2>
  <button onclick='document.getElementById("test").innerHTML = "我喜欢学习计算机
课程！"'>点我改变内容</button>
    <button onclick='document.getElementById("test").style.color= "red"'>点我改
变样式</button>
  <br />
  <p id="test" >Hello World!!</p>
</div>
</body>
</html>
```

在以上代码中，按钮的单击事件处理代码：通过 getElementById 方法得到 id 为"test"的 p 元素，然后通过 innerHTML 属性修改内容，通过 style.color 属性修改颜色。

单击按钮之后的页面效果如图 13-29 所示。

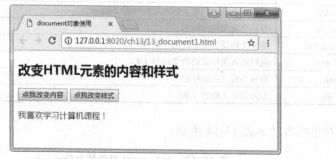

图 13-29　改变元素的内容或样式

3. 表单对象

每个 form 对象都对应着 HTML 文档中的一个<form>标签。页面中的 form 对象可以用 document 对象的 form[]集合属性得到，也可以通过 form 元素的 id 或者 name 属性得到。

在一个页面中，document 对象具有 form、image、link 等子对象。通过在对应的 HTML 标记中设置 name 属性，就可以使用名字来引用这些对象。包含 name 属性时，它的值将被用作 document 对象的属性名，用来引用相应的对象。

form 对象的集合如表 13-15 所示。elements[]数组中包括了该表单对象中所有的元素对象。

表 13-15 form 对象的集合

集　　合	描　　述
elements[]	包含表单中所有元素的数组

form 对象的属性如表 13-16 所示，对应了<form>元素的属性值。

表 13-16 form 对象的属性

属　　性	描　　述
acceptCharset	服务器可接收的字符集
action	设置或返回表单的 action 属性
enctype	设置或返回表单用来编码内容的 MIME 类型
length	返回表单中的元素数目
method	设置或返回将数据发送到服务器的 HTTP 方法
name	设置或返回表单的名称
target	设置或返回表单提交结果的 Frame 或 Window 名

form 对象的方法如表 13-17 所示。

表 13-17 form 对象的方法

方　　法	描　　述
reset()	重置一个表单
submit()	提交一个表单

实例代码 13-23：

```html
<!DOCTYPE html>
<html>
<head>
   <meta charset="UTF-8">
<title>form 对象属性使用</title>
</head>
<body>
<div>
  <H3>在文本框中输入内容，注意第二个文本框变化：</H3>
  <form>
   内容：<input type=text onChange="document.my.elements[0].value=this.value;">
  </form>
   <form name="my">
   结果：<input type=text onChange="document.forms[0].elements[0].value=
       this.value;">
  </form>
  <script>
```

```
        document.write("页面中有"+ document.forms.length + "个表单!! ")
    </script>
</div>
</body>
</html>
```

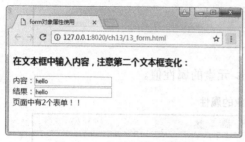

图 13-30　表单对象的使用

以上代码中，document.my 引用的是第二个 name 属性为 my 的表单，document.forms[0]引用的是第一个表单，document.forms[0].elements[0] 引用的是第一个表单中的第一个文本框；document.forms.length 得到的是表单数组的长度，即表单的个数。

运行效果如图 13-30 所示，在任意一个文本框中输入内容后，将焦点移走，则另外一个文本框的内容将会与此保持一致。

13.8　综合实例——实现即时验证效果

结合前面所学的知识，制作一个注册表单，要求表单页面能进行验证，如图 13-31 所示。

图 13-31　表单页面

（1）参照第 10 章中的信息反馈表，完成基本的页面布局和样式的调整。具体代码如下（13_form_val.html），在代码中，将 mycss.css 的样式文件导入。

```
<!DOCTYPE html>
<html>
    <head>
        <meta charset="UTF-8">
        <title>用户注册</title>
```

```
        <link rel="stylesheet" href="css/mycss.css" />
</head>
<body>
    <div id="wrapper">
        <h1>用户注册 </h1>
        <form method="post" action="" id="regist" name="regist">
            <fieldset
                <ul>
                    <li>
                        <label for="username">用户名: </label>
                        <input type=" text " id="username" name=" username "
                                            class=" large " />
                    </li>
                    <li>
                        <label for="password1">密码: </label>
                        <input name="password" type="password" class="large"
                                            id="password1" />
                    </li>
                    <li>
                        <label for="password2">再次输入密码: </label>
                        <input name="password2" type="password" class="large"
                                            id="password2" />
                    </li>
                    <li>
                        <label>性别: </label>
                        <fieldset class="radios gender">
                          <ul>
                            <li>
                                <input type="radio" id="gender_male" name=
                                    "gender" value="male" />
                                <label for="gender_male">男</label>
                            </li>
                            <li>
                                <input type="radio" id="gender_female" name=
                                    "gender" value="female" />
                                <label for="gender_female">女</label>
                            </li>
                          </ul>
                        </fieldset>
                    </li>
                    <li>
                        <label for="email">电子邮件: </label>
                        <input type="email" id="email" name="email" class="large" />
                    </li>
```

```html
                        <li>
                            <label for="age">年龄: </label>
                            <input name="age" type="text" class="large" id="age" />
                        </li>
                        <li>
                            <div class="btn_align">
                                <input type="submit" class="feedback" value="注册" />
                            </div>
                        </li>
                    </ul>
                </fieldset>
            </form>
        </div>
    </body>
</html>
```

（2）在 13_form_val.html 的 head 部分添加样式。

```css
    <style>
        fieldset {
            background-color: #FFFFFF;
            border: 1px solid gray;
            margin-bottom: 12px;
            overflow: hidden;
            padding: 0 0px;
        }

        #wrapper {
            width: 400px;
        }

        .btn {
            background-color: #06F;
            color: #fff;
            padding: 3px;
            width: 70px;
            height: 25px;
        }

        .btn_align {
            text-align: center;
        }
        .gender{
            border: none;
        }
```

```
        </style>
```

主要修改了表单分组的样式和按钮的样式。

（3）新建 JavaScript 文件（formval.js），编写下列代码。

```
function check()
{
 fr = document.regist;
 if(fr.username.value=="")//用户名不能为空
 {
alert("用户 ID 必须要填写！");
fr.username.focus();
 return false;
 }
 if((fr.password1.value != "") || (fr.password2.value != ""))
                                //两次密码输入必须一致

 {
if(fr.password1.value!=fr.password2.value)
 {
 alert("密码不一致,请重新输入并验证密码！");
fr.password1.focus();
 return false;
 }
 }
 else {//密码也不能为空
alert("密码不能为空！");
fr.password1.focus();
 return false;
 }

if(fr.gender.value == "")             //性别必须填写
 {
alert("性别必须要填写！");
fr.username.focus();
 return false;
 }
 if(fr.email.value != "")             //验证 email 的格式
 {
if(!isEmail(fr.email.value)) {
 alert("请输入正确的邮件名称！");
fr.email.focus();
 return false;
 }
 }
```

```
fr.submit();
}

function isEmail(theStr){
    var atindex=theStr.indexOf('@');
    var dotindex=theStr.indexOf('.',atindex);
    var flag=true;
    thesub=theStr.substring(0,dotindex+1);
    if((atindex<1)||(atindex!=theStr.lastIndexOf('@'))||(dotindex<atindex+2)
                ||(theStr.length<=thesub.length)){
      flag=false;
    }else{
      flag=true;
    }
    return(flag);
}
```

　　check()函数中，对用户名、密码、性别等字段进行了非空验证，对两个密码框内容是否一致进行了验证，电子邮件字段如果非空，则去调用 isEmail()函数进行格式验证。所有验证通过才返回 true，否则返回 false。

　　isEmail()函数对电子邮件地址的格式进行判断，如果格式正确则返回 true，否则返回 false。

　　（4）添加 13_form_val.html 文件中的提交按钮的单击事件。

```
<input type="submit" class="feedback" value="注册"  onclick="return check()"/>
```

　　（5）在 Chrome 浏览器中浏览页面，输入相关信息后，单击"注册"按钮，效果如图 13-32 所示。

图 13-32　表单验证效果

本章小结

　　JavaScript 是一种基于对象和事件驱动并具有安全性能的脚本语言。使用它的目的是与 HTML 超文本标记语言一起实现与 Web 客户的交互作用。本章通过实例讲解 JavaScript 的基本语法知识，如变量、常量、数据类型、函数等内容，讲解了 JavaScript 的核心内容 HTMLDOM 的编程，利用 DOM 对象修改 HTML 页面中元素的内容和样式，以及表单的验证。

练习与实训

　　1. 制作一个验证码生成器，能随机生成一个由 4 位数字和字母组成的验证码。如图 13-33 所示，单击"刷新"按钮即可重新生成验证码。

图 13-33　生成验证码

　　2. 制作一个动态时钟，实现动态显示当前时间的功能，如图 13-34 所示。

图 13-34　动态时钟

第14章 网页设计与开发综合范例

本章导读

从设计的内容来说，网站首页的设计主要包括版式的分析设计、网页的大小设计、导航条的设计及页面框架的搭建与分割等工作。好的网页，第一眼就能引起浏览者的极大兴趣，这不仅要求网页设计在布局风格上能够充分展现内容的丰富性和可捕捉性，更要求网页的每一个元素都能充分融合在一起，网页是一个结合体，不是网页内容和元素的简单堆砌。

14.1 网页内容分析

近年来，Internet 飞速发展，不但企业和政府机构纷纷建立自己的网站，在网上开展业务，树立形象，而且不少个人也在网上建立自己的个人主页，这使得主页制作成为当今的热门技术。

总体说来，网页的制作包括以下几个部分。

1. 图形、图像处理制作

在网页上插入一些精美、适当的图片是必要的。因此，在设计网页之前，应收集或制作一些好看、适用的图片。可以使用 Photoshop 等设计工具来对图片进行美化、修饰，但它不是专门处理网络图像的，因此还可以选用 Fireworks，用它制作网络图像效果比较好。一般在 WWW 上 JPEG 和 GIF 格式的图片传输较快。位图 BMP 文件占用空间太大，传输较慢，不太适用。JPEG 的文件较大，但画质较好，可以显示 24 位真彩色；GIF 颜色只有 256 色，但文件小很多，速度也会快一些。照片、风景画等超过 256 色的图片就采用 JPEG 格式，颜色简单的标志图片、标题、小动画等最好用 GIF 格式。

2. 动画制作

传统的做法是在 HTML 中嵌入用 Java 程序编写的动画，但这要求开发者对 Java 语言的编程要熟悉。随着软件业的发展，现在制作漂亮的动画轻松多了，有很多制作动画的软件。比如 Flash，用它制作出来的动画小巧迷人，只需作为一个*.swf 文件导出，然后再导入到网页编辑器中，就可以在浏览器中浏览到动画了。

3. 文本编写

网页中需要大量文字，这就要在网页编辑器中用 HTML5 语言中的标签编写，前面已经介绍过。也可以利用网页编辑工具的"所见即所得"功能，直接写入文字，这要用到网页设计工具。

4. 框架设计

框架是网页的常用形式，它可以使网页更为清晰，可以把不同的页面超链接在同一框架中，使得页面空间更紧凑，在 HTML5 中用<frame> </frame>标签编写。

5. 表格应用

表格是网页中很活跃的一种元素，它的应用可使网页更紧凑和灵活，在 HTML5 中用

></table>标签编写。表格不光是数据的集合,在网页设计中还有使布局整齐的作用。

14.2 综合实例——制作门户类网页

本节以一个网站的首页设计为例,结合前面项目所介绍的网页规划及结构设计知识,使用 CSS 进行页面布局及页面美化等,完整地介绍制作一个页面的流程。要设计的页面效果如图 14-1 所示。

图 14-1　综合实例将要设计的页面效果

14.2.1　网页框架构建及素材的准备

主页制作前的准备工作,除了定义站点和设计网站结构的目录,还有就是要将网页设计制作中需要用到的所有图像素材整理好,最好是放在一个文件夹中,如 images,如图 14-2 所示。这样便于设计制作时的选取使用,也不易造成素材的混乱。

名称	修改日期	类型	大小
font	2016/5/27 10:11	文件夹	
14.6 综合实例.html	2015/12/14 1:16	QQBrowser HT...	4 KB
ambitios_button3_bgs1.png	2012/1/22 0:13	图片文件(.png)	5 KB
ambitios_first_row_bg.gif	2012/1/22 0:13	图片文件(.gif)	105 KB
ambitios_footer_bg.gif	2012/1/22 0:13	图片文件(.gif)	17 KB
ambitios_footer_button.png	2013/5/23 11:37	图片文件(.png)	51 KB
ambitios_header_bg.gif	2012/1/22 0:13	图片文件(.gif)	18 KB
ambitios_pic1.png	2012/1/22 0:13	图片文件(.png)	134 KB
ambitios_shape_carousel.png	2012/1/22 0:13	图片文件(.png)	13 KB
global.css	2015/12/14 1:16	层叠样式表文档	4 KB

图 14-2　素材整理文件夹

1. 绘制页面结构草图

首先,可以根据页面效果绘制页面结构草图,标识出可能需要用到的页面结构标记,如 header、div 等;标识出页面中的超链接部分;标识出页面中的文字内容属于哪一级标题、段落还是列表;判断页面中出现的图片是使用插入图片还是设置背景图片。页面结构草图如

图 14-3 所示。

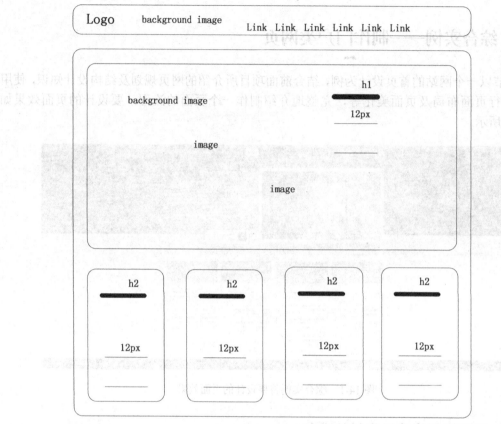

图 14-3　页面结构草图

2. 关于网页素材

准备好页面中需要用到的各类素材及显示效果，主要有以下几个方面。

➢ 文本：文本是网页中最基本的素材，也是最广泛的素材。文本文件的格式有.txt、.doc、.rtf等。

➢ 图像：图像素材相对于文字素材而言更加真实、直观、丰富多彩，在网页上更具吸引力。图像的格式有 JPEG、GIF、BMP 等。

➢ 动画：动画已成为网页制作的一个重要组成部分，它可以显示某种动态过程，还可以显示自动幻灯片的播放效果。网页上的动画一般有 GIF 格式和 Flash 格式。

➢ 音频：一个网页中如果增加了音频，会给网页增加活力。在网络上传输需要对声音文件进行压缩。音频格式有 MP3、WAV、MIDI 等。

➢ 视频：随着网络带宽的增加，视频显示在网页中也越来越多。视频格式有 AVI、WMV、MPG、FLV 等。

14.2.2　建立本地站点

创建一个网站，如果将所有的网页都存储在一个目录下，随着站点规模越来越大，管理网站就会变得越来越困难，而且会给网站本身的上传维护、站点内容未来的扩充和移植带来严重阻碍。所以，应合理地使用和组织文件夹来管理文档。在本例中，只有一个页面，且没有用到多媒体文件，因此将站点文件夹建立为如图 14-4 所示的结构。

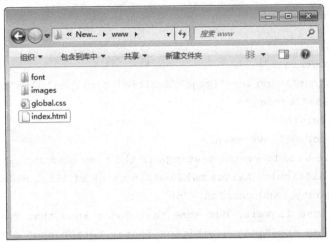

图 14-4　站点文件夹

14.2.3　使用 HTML 创建页面结构

使用 HTML 创建页面结构的步骤如下：

（1）新建页面，在 title 标记中输入"综合实例"作为页面标题。

（2）观察整个页面内容，根据语义来选择使用哪个标记。为了方便设置整个页面内容的样式，使用 id 为 wrapper 的 div 将所有元素包裹起来。

（3）页面上方的导航条使用 header 包裹起来；下方主体内容用 class 为 container 的 div 包裹起来，其中上部用 class 为 container 的 div 装载，下方用 class 为 box 的 div 装载。

最终完成的 HTML 代码如下：

```
<!doctype html>
<html>
<head>
<meta charset="utf-8">
<title>综合实例</title>
<link href="global.css" rel="stylesheet" />
</head>
<body>
<div id="wrapper">
<header>
<h1>AMBITIOUS</h1>
<nav>
<ul>
<li><a href="#">contacts</a></li>
<li><a href="#">portfolio</a></li>
<li><a href="#">news</a></li>
<li><a href="#">pages</a></li>
```

```
<li><a href="#">features</a></li>
<li><a href="#" class="home">home</a></li>
</ul>
</nav>
</header>
<div class="container">
<div class="banner"><img src="images/ambitios_pic1.png" alt="pic01" width="553"
height="324" class="leftimg">
<h1>women prefer</h1>
<h1>pastel colored flowers</h1>
<p>Flowers were used to signal meanings in the time when social meetings between
men and women was difficult. Lilies make people think of life. Red roses make people
think of love, beauty, and passion.</p>
<p> Everyone love flowers, but some just don't know that they do.</p>
<a href="#"><img src="images/ambitios_footer_button.png" alt="button" width
="199" height="62" class="button"></a></div>
<div class="content">
<div class="box1">
<h2>wide range of<br> header sliders</h2>
<div class="box">
<p>We already have 3 absolutely different sliders, such as:</p>
<ul>
<li>Simple but stylish JCycle</li>
<li>Famous 3d slider</li>
<li>Carousel slider</li>
</ul>
```

实例代码：

```
<p>Lorem ipsum dolor sit amet, consectetur adipiscing elit. Vivamus condimentum,
massa eu</p>
</div>
</div>
<div class="box2">
<h2>variety of<br> portfolio<br> layouts</h2>
<div class="box">
<p> Currently we have 3 portolfio layouts.</p>
<p> Simple image gallery, that is perfect for photos.</p>
<p> Big image preview with description, perfect for designers to show their works
in all beauty.</p>
<p> Medium layout is good for mixed content, such as: video, images, and etc.
in one gallery. </p>
</div>
</div>
```

```
<div class="box3">
<h2>theme that really<br> meets your<br> requirements</h2>
<div class="box">
<p> Ambitious perfect for almost any kind of websites.</p>
<p> Soft, clean, friendly design of this theme, won't leave your website visitors
indifferent.</p>
<p> This theme has no face, you can make it unrecognizable but still amazing,
no one will blame you for template :P </p>
</div>
</div>
<div class="box4">
<h2>lovely<br> theme colors</h2>
<div class="box">
<p> This Theme comes with
            11 different color variations
            and will have more in our upcoming updates.</p>
<p> Lorem ipsum dolor sit amet, consectetur adipiscing elit. Vivamus condimentum,
massa eu accumsan pellentesque, felis metus imperdiet est. </p>
</div>
</div>
</div>
</div>
<div class="clear"></div>
<footer>
<p>© 2013 ambitious. All rights reserved.</p>
</footer>
</div>
</body>
</html>
```

在浏览器中查看，页面效果如图 14-5 所示。

14.2.4　使用 CSS 布局并美化页面

在本实例中我们采用外部样式文件给页面添加 CSS 样式。首先新建样式表文件 global.css，然后在 HTML 文件的 head 标记中链接外部样式表，代码如下：

```
<img src="imags/slogan.png"/>
```

在外部样式表文件 master.css 中依次设置页面各个部分的样式。主要样式包括以下几个部分。

（1）载入 Web 字体，代码如下：

```
@font-face {
    font-family: 'Economica';
```

```
    src: url('font/Economica-Bold-OTF.otf') format('OpenType');
}
@font-face {
    font-family: 'Kaushan';
    src: url('font/KaushanScript-Regular.otf') format('OpenType');
}
```

图 14-5　页面效果

（2）设置网页整体样式，添加页面背景图片，将 wrapper 宽度设为 960px，并将其设为水平居中。代码如下：

```
* {
    margin: 0px;
```

```css
        padding: 0px;
    }
    body {
        font-family: Arial;
        font-size: 12px;
        background:url(images/ambitios_header_bg.gif),
url(images/ambitios_shape_carousel.png),
url(images/ambitios_first_row_bg.gif),url(images/ambitios_footer_bg.gif);
        background-position: center top, center 390px, center 64px,center 925px;
        background-repeat: no-repeat, no-repeat, no-repeat, no-repeat;
    }
    #wrapper {
        width: 960px;
        margin: 0 auto;
    }
```

（3）设置页首的图片及导航条样式，并设置 Home 背景，效果如图 14-6 所示。

图 14-6　导航条效果

代码如下：

```css
    header {
        height: 64px;
    }
    header h1 {
        font-family: 'Economica';
        font-weight: normal;
        font-size: 40px;
        color: #EEE;
        text-shadow: 3px 3px 5px #000;
        padding-top: 8px;
        float: left;
    }
    header ul {
        list-style-type: none;
        padding-top: 15px;
    }
    header li {
        display: inline;
        font-size: 14.7px;
        text-transform: capitalize;
    }
    header a {
```

```
        color: #FFF;
        text-decoration: none;
        display: block;
        border-radius: 5px;
        float: right;
        padding-top: 8px;
        padding-right: 10px;
        padding-bottom: 8px;
        padding-left: 10px;
}
header a:hover {
        background-color: #09598A;
}
.home {
        color: #000;
        background-color: #EEE;
}
.home:hover {
        color: #FFF;
}
```

（4）设置主体上半部区域背景图片、标题、文字及超链接样式，效果如图 14-7 所示。

图 14-7　页面主体上半部区域效果

代码如下：

```
.banner {
        padding-top: 35px;
        height: 375px;
}
.leftimg {
        float: left;
        margin-right: 40px;
        border-radius: 10px;
}
.banner h1 {
```

```
    font-family: 'Kaushan';
    font-weight: normal;
    font-size: 36px;
    color: #FFF;
    text-transform: capitalize;
    line-height: 1em;
    margin-bottom: 20px;
    word-spacing: 5px;
}
.banner p {
    font-size: 14.7px;
    color: #FFF;
    margin-bottom: 20px;
}
.banner .button {
    margin-top: 12px;
}
```

（5）设置主体下半部区域中文字的样式，效果如图 14-8 所示。

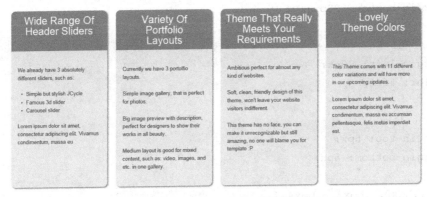

图 14-8　页面主体下半部区域效果

代码如下：

```
.content {
    padding-top: 30px;
}
.content h2 {
    font-family: Arial, Helvetica, sans-serif;
    font-weight: normal;
    color: #FFF;
    text-align: center;
    font-size: 24px;
    height: 80px;
    line-height: 1em;
```

```css
        vertical-align: middle;
        text-transform: capitalize;
        padding-top: 10px;
        border-radius: 10px 10px 0 0;
        background: #70b0e0; /* Old browsers */
        background: -moz-linear-gradient(top, #70b0e0 0%, #115fa3 100%); /* FF3.6+ */
        background: -webkit-gradient(linear, left top, left bottom, color-stop(0%,
#70b0e0), color-stop(100%, #115fa3)); /* Chrome,Safari4+ */
        background: -webkit-linear-gradient(top, #70b0e0 0%, #115fa3 100%); /*
Chrome10+,Safari5.1+ */
        background: -o-linear-gradient(top, #70b0e0 0%, #115fa3 100%); /* Opera
11.10+ */
        background: -ms-linear-gradient(top, #70b0e0 0%, #115fa3 100%); /* IE10+ */
        background: linear-gradient(to bottom, #70b0e0 0%, #115fa3 100%); /* W3C */
    }
    .content p {
        color: #666;
        line-height: 1.5em;
        margin-top: 20px;
        margin-bottom: 20px;
    }
    .content ul {
        margin-left: 20px;
        color: #666;
    }
    .content li {
        margin-top: 5px;
        margin-bottom: 5px;
    }
    .box1, .box2, .box3, .box4 {
        float: left;
        width: 225px;
        height:400px;
        clear: none;
        margin-right: 20px;
        border-radius: 10px;
        background-color: #EEE;
        box-shadow:2px 2px 5px #999;
    }
    .box {
        padding: 15px;
    }
    .box4 {
        margin: 0;
```

```
}
.clear {
    clear: both;
}
```

（6）设置底部区域中文字的样式，效果如图 14-9 所示。

图 14-9　底部区域文字样式效果

代码如下：

```
footer {
    padding-top: 15px;
    padding-bottom: 15px;
    padding-left: 5px;
    color: #FFF;
    margin-top: 20px;
}
```

完成了以上 6 个部分的样式设置，整体页面就完成了，最终效果如本节开始的图 14-1 所示。

本章小结

本章通过实例介绍了网页规划、结构、布局的相关知识，从整体上提炼出网页设计的要领，并给出在具体实施中可以参考的网页设计中应注意的问题，最后通过综合实例归纳出设计大型门户网站的基本技能。

练习与实训

制作个人主页，提供展示自我的平台，并将其发布。

参考文献

[1] 卢俊详. HTML5 与 CSS3 实例教程（第 2 版）[M]. 北京：人民邮电出版社，2014.

[2] 李东博. HTML5+CSS3 从入门到精通[M]. 北京：清华大学出版社，2013.

[3] 江平，汪小青. HTML5 与 CSS3 程序设计项目化教程[M]. 武汉：华中科技大学出版社，2015.

[4] 王艳. 探析 HTML5 与 CSS3 在网页设计中的新特性和优势[J]. 电脑编程技巧与维护，2016，（21）：70～71, 88.